JN275894

輪廻する宇宙

ダークエネルギーに満ちた宇宙の将来

横山順一　著

ブルーバックス

カバー装幀／芦澤泰偉・児崎雅淑
カバーイラスト／五十嵐 徹
本文図版・目次／さくら工芸社

目次

第四章　ダークエネルギーの正体　119

序章

輪廻転生とは何か

転生者の捜索と科学の方法

六道輪廻

長い歴史を誇るこのブルーバックスシリーズだが、「輪廻《りんね》」などという言葉の入ったタイトルの本が出るのは、空前のことであろう。最新の宇宙論を説くこの本も、もしブルーバックスではなく単行書として世に出ていたら、「前世療法」だの、「憑依《ひょうい》」だのといったオカルト本と一緒に並べられてしまっていたに違いない。

逆に、ふだんこのブルーバックスシリーズの『知っておきたい物理の疑問55』などを読んで、自然科学の考え方に深くなじんでいる読者の皆さんにしてみれば、輪廻などという言葉はまったく縁がなかったことだろう。輪廻、つまり輪廻転生とは、文字通り車輪が回り続けるように、生きとし生けるものが三界六道《さんがいろくどう》を迷い、生死を繰り返すことである。これを理解するには、少し仏教に親しまねばならない。

図0－1は、仏教の中でもチベット密教の六道輪廻図と呼ばれる生と死のサイクルを描いたものである。古代インドの思想では、各種生命の住む世界は六つに分類される。図の上三つが三善道と呼ばれるマシな世界、下三つは三悪道というマシでない世界である。三善道には一番住みやすい世界である天、生老病死という四苦八苦のある人間界、そして人間界以下とされる修羅の世界がある。修羅の世界は独善的で争いの絶えない世界であるという。激しい争いの窮地に立たさ

図０－１　六道輪廻図
（写真：akg-image／PPS通信社）

れることを、「修羅場を迎える」などと言うが、これはこのことを表したものである。また、修羅の世界の主である阿修羅は、猛々しいイメージばかりが先行するが、実はもと善神だったものが、闘争的な性格が災いして天上の神々に戦いを挑んでばかりいるので、人間以下の存在に格下げになったということだ。

　ところで、阿修羅《ā su ra》をアルファベットで書くとASHRAとなるわけだが、これはドイツのロックグループの名前であると共に、ハワイに建設することが計画されている高エネルギー光子や宇宙線の検出器の名称にも使われている。All-sky Survey High Resolution Air-shower detector の略称、日本語で言うと全天高精度素粒子望遠鏡ということなのだが、こんな人間以下の悪神の名を冠してしまってよいのだろうか?

さて、六道の下の三つは、弱肉強食の畜生の世界、欲望と嫉妬の塊からなる餓鬼の世界、そして最も苦しみの多い地獄である。しかし、芥川龍之介は言う、「地獄の与える苦しみは一定の法則を破ったことはない」と。そして、人生の方が地獄よりも地獄的だ、というのである。つまり、こうした仏教思想はけっこう合理的にできているのだ。

生きとし生けるものはすべて、この六道を迷いながら生と死とを繰り返す、というのが輪廻転生である。だから、人間が人間に生まれ変わる必然性はない。むしろ、現世で善行を積むかどうかで、来世も人間に生まれ変われるかどうかも決まるのだという。

もっとも、一つの生命体としてみたとき、人間に生まれるのと、虫だの貝だのに生まれるのとでは、どちらがより幸せであるか、などということは、誰にも答えられるものではない。宗教であれ科学であれ、世の中には答えられない疑問が数多くあるのである。

とはいえ、自然科学を考えるときには、とりあえず人間至上主義でないと話が進まないので、以下では転生先は人間に限ることにしよう。

ダライ・ラマの転生者探し

輪廻転生思想の現代における最大の具現者がチベット仏教の最高指導者であるダライ・ラマであることは、論を俟《ま》たないだろう。ダライ・ラマ法王は現在一四世であるが、各世代間には血のつながりは全くなく、ローマ法王のように選挙で選ばれるわけでもない。先代が遷化《せんげ》（僧が亡くなること）した後、輪廻転生によるその生まれ変わりである転生者を捜索し、次のダライ・ラマに選定するのである。先代のダライ・ラマ一三世は一九三三年一二月にこの世を去ったが、直ちに転生者の捜索が始められた。理論上は四九日以内にどこかに生まれ変わるのだが、ダライ・ラマのような高僧の場合はより時間がかかることもある、とされている。そして、さまざまなお告げや奇蹟によって転生者を探すのである。この転生者探しの旅は、科学者が新しい物理法則を探すために行う試行錯誤と似通った点と正反対の点とがあり、興味深い。しばらくこれを見てみることにしよう。

転生者探しの最初のヒントは、一三世の遺体によって与えられた。チベット仏教では、遺体は南向きに安置することがよいとされるので、法王の遺体は夏の宮殿の宝座に南向きに安置され、一般信徒の参拝を待った。ところが南に向けたはずの遺体が東向きに変わっているのが二度も発見された。また、ラサの北東の空に奇妙な形の雲が現れ、聖堂の北東側の柱に、星形の大きなキノコが突然生えたという。これらは一四世誕生の方向を表しているのだと受け止められた。自然現象を一生懸命観察し、その背後に潜んでいることを探ろうとする点では、自然科学の手法とまことによく似ているといえるが、物理学が現象に共通した法則を探そうとするのに対し、チベット仏教は、ダライ・ラマという唯一至高の存在を見つけなければならないのだから、最も特殊で人智を越えたところに目を向けようとする点が大きな違いである。

当然のことながら、転生者は先代の遷化後に生まれるのであるから、次代のダライ・ラマが成年に達するまで摂政が必要となる。この摂政はまた、生まれ変わった新しいダライ・ラマを探し出す役割も担うのである。摂政に選ばれたレティンの一行は、こうしたヒントに基づき、吉祥天母の魂が宿るとされる聖なる湖ラモイ・ラツォへ、さらなるメッセージを求めて赴いた。この湖自体は、ラサの北東ではなく南東一四五キロメートルのチョコル・ギャルというところにある。それは、水面に現れる幻影によって未来を示す、聖なる湖の一つである。一行はその湖面に、転生者がどこに現れるかを求めることにしたのである。湖に現れる啓示は、文字や形の時もあれば、風景として現れることもあるということだ。

レティン摂政一行は、チョコル・ギャルの僧院で吉祥天母への特別大供養を行ったのち、ラモイ・ラツォの湖畔にたたずんで瞑想を続けた。何日も過ごしたあるとき、水面から五色の虹のような美しい色が現れ、ついでア（Ah）・カ（Ka）・マ（Ma）というチベット語の三文字が現れたという。さらに金と青緑色の瓦で屋根を葺《ふ》いた三階建ての寺院が見えたという。

この三文字は北東チベットのアムド地方を指しているものと解釈された。これは最初のお告げの示した方向とも一致している。そこで捜索隊は、この地方に向けて旅を続けた。馬、ロバ、ヤクを交通手段とする当時の旅は困難なものであった。湖面に現れた風景とよく似たクンブム僧院に着くまでには四ヵ月以上を要したという。この付近には、ダライ・ラマに次ぐ宗教的指導者であるパンチェン・ラマによって告げられた三人の転生者候補がいた。そして、一行は彼らを訪ねて回ったのである。

その一人、ラモ・トゥンドゥップを捜索隊一行が訪ねた際、高僧のケゥツァン・リンポチェは、羊の毛皮で作った着物をまとった召使いの格好をし、一方秘書のロサン・ツェワンは、隊長の格好をしていたという。その身なりに応じて母親は秘書を応接間に、高僧を台所に案内した。ところが、当時まだ三歳にも満たなかった幼児ラモ・トゥンドゥプは、高僧が首にかけていた数珠をほしがった。ケゥツァン・リンポチェが、「わたしが誰かわかればあげよう」と言ったところ、幼児ラモは、召使いの格好をしていたケゥツァン・リンポチェが僧侶であることを、言い当てたのである。しかし何より、この数珠はダライ・ラマ一三世のものだったのである。翌朝、再訪を約束して出発する一行に幼児ラモは一緒に連れて行ってくれ、とせがんだという。捜索隊の取ったこのあたりの行動は、自然を単に受動的に観察するのではなく、主体的に実験を行って確かめる、という実験物理学の手法を彷彿《ほうふつ》させる。

日を改めて大安吉日に再訪するに当たり、一行は早朝から吉祥天母の特別供養を行ってから出発した。今度はケゥツァン・リンポチェは自分の僧衣をまとい、随行員も自分の立場に応じた服装に着替えていた。ラモ・トゥンドゥプの母親にあたたかくもてなされた一行は、幼児ラモが先代ダライ・ラマの転生者であるかどうか、さまざまなテストを行った。まず、非常によく似た黒い数珠を二つ並べて見せたところ、幼児ラモは迷わず先代のものを手に取った。さらに、黄色の数珠、付き人を呼ぶための太鼓など、次々と先代の持ち物の方を言い当てたという。最後に二本の杖を見せたときには、最初間違った方を手に取り、歩くまねまでしてみたが、最後には正しい方を選択したという。実は間違った方も一時期一三世が使ったことのあるものだったので、一行はこの結果にたいへん驚き、この幼児こそがダライ・ラマの転生者であることを確信するに至ったという。自然科学の研究でも、一回の実験で満足してしまってはダメであり、さまざまな角度からさまざまな実験を繰り返し、綜合的に検討することが重要である。その点では、捜索隊の取った手法はまことに好感の持てるものであったといえよう。

この新しい転生者をラサに連れ出す作業は困難なものであった。当時この地域は中華民国の国民党政府の管理下にあったからである。この一帯を管理していた中国人省長の馬歩青は、一行がすぐには用意できないほどの多額の身代金を要求した。不足金はラサに着いてから支払うことにし、そのため高官の一人を現地に人質として残さざるを得なかった。ラサへの旅路はやはり三カ月以上を要した。中国の支配圏を脱するまでは、薄氷を踏む思いの緊張の行程であった。

こうしてチベット圏にたどり着いたとき、議会が招集され、このラモ・トゥンドゥプがダライ・ラマの転生者であることが満場一致で認定された。その声明文を持ったチベット政府高官が一行を出迎え、そのことを伝達した。その時幼児ラモはそれまでの着物を脱ぎ、荘厳な僧衣に着替えさせられ、ダライ・ラマの転生者としての歩みを始めたのである。それから先は金箔塗りの御輿《みこし》に乗せられ、ラサまでの行程は華やかなものとなっていった。

ダライ・ラマ一四世の歩み

ラサに着くなりノルブリンカ宮殿に運ばれ、転生者は王座に座った。そして、仏教占星術に基づき一九四〇年の第一四日に即位大礼式が執り行われた。御年五歳、そして一三世が遷化してから七年もの歳月を経ていた。こうしてダライ・ラマ一四世が正式に誕生したのである。宗教的な法王としての地位はこのとき確定したが、チベットの政治的な元首としては、本来は一八歳で成人するまでは認められない。しかし、一四世はそれを待たずに、一九五〇年すなわち弱冠一五歳のときに政治的にもチベットを代表することとなった。隣国である中国に共産主義政権が成立した、という周辺情勢の変化が、これを余儀なくしたのである。

こうしてみると、六道輪廻図の描く衆生の輪廻転生と、ダライ・ラマの輪廻転生とは、ずいぶん違ったものであることが見て取れよう。チベット仏教によれば、衆生の経験する輪廻転生は、六道からなる迷いの世界で起こるものであって、自分の意志でコントロールできるものではない。一般の人びとは、存命中に行ってきた行為の善し悪しによって、六道のいずれかに生まれ変わってしまうので、現在人間であっても、次に生まれるときには、虫や動物や鳥になるかもしれない。ここには生き物の種類によらず、「生命」というのは同一のものである、という思想を見ることができる。

それに対して、悟りを開いた一部の菩薩《ぼさつ》は、次も自分の意志をもって人間として生まれ変わる。その一人であるダライ・ラマは観世音菩薩の化身であると考えられている。こうして人として生き継ぐ活仏をチベットではトゥルクと呼ぶが、その数は千数百とも数千とも言われている。ダライ・ラマ一四世の長兄もその一人であったという。

ダライ・ラマ法王の第一の役割が宗教的指導者たることは論を俟たないが、現一四世はしかし即位後まだ若いうちに歴史の荒波にもまれることになった。第二次世界大戦前後の混乱を経て、チベットの周辺情勢は、インドのイギリスからの独立、先に述べた中国の赤化、と大きく変転を遂げていった。ダライ・ラマは一九五四年に北京に赴き、毛沢東政権と和平交渉に臨んだが、圧倒的な軍事力を持つ共産党政権に対し、その結果はむなしいものとなった。その後一九五九年三月、法王の身を案じたラサ市民は一斉蜂起し、中国軍はそれにさらに厳しい弾圧を加えた。法王は遂に亡命のやむなきに至り、北部インドのヒマーチャルプラデーシュ州のダラムリラに亡命政権を樹立した。そして現在に至るまで、チベットの主権回復を目指して非暴力活動を続けているのである。

ダライ・ラマの転生と宇宙の輪廻転生

このような厳しい現実と、神話やお伽噺《とぎばなし》のようにも見える輪廻転生思想に基づくダライ・ラマ制度の間には、大きなミスマッチがあるように思われるかもしれない。また、現代的な要素還元主義の自然科学の考え方からしたら、一人の人間が生まれ変わる、と言ったときに、人を構成する三七兆個もの細胞のうちのどの部分が受け継がれ、どの部分が新陳代謝されるのかを明らかにしなければならないが、そのようなことは全く期待できないことである。しかし、ダライ・ラマ制度の背景には、古代チベット以来の長い歴史の蓄積があり、そこに思いを馳せると、これは実はすぐれた制度であることが理解できる。

チベットが統一されたのは、紀元前一二七年のことで、初代ニャーティツェンポ王が最初の宮殿ユンブラカン宮を築き、周辺の小王たちを支配下に入れたことにはじまる。その後王族支配が続いたが、仏法に反感を持つ大臣たちによって王位につけられた第四二代のダルマ王の時代に、仏法は破壊され、国は乱れた。ダルマ王はあまりに凶暴であったため、民からはランダルマと呼ばれた。ランというのは牛のことである。このランダルマ王は暗殺されてしまったが、次の四三代目のときに王位争いで内紛が起き、ここに王族が世襲で国を治める時代が終わりを告げたのである。紀元八七七年のことである。

こうしてチベットは再び分裂してしまったが、その中にあって影響力を持ったのは僧職者であった。その後試行錯誤を経て成立したのがダライ・ラマ制度である。古代王国時代の経験からいって、王制では肉親間の王位争いなどが起こるため、君主はあくまでも一代限りにすべきである、という考え方が出てきた。その王位継承を裏付けるために、輪廻転生思想が取り入れられたのである。

一つの国を正しく治めるのは生やさしいことではない。血族の世襲によって専制統治を続けた結果がどうなるかは、三代続いた結果、食うや食わずで、軍備増強による瀬戸際外交に頼るしかなくなり、人の道を踏み外した激しい粛清を行うまでになった隣の隣の国の惨状を見れば明らかであろう。江戸時代が終わるまで祭政分離の伝統を長らく守ってきたわが国が、近代になって祭政一致・富国強兵政策をとった挙げ句に破綻したのも、現人神《あらひとがみ》を名乗った三代目の時であったことを忘れてはならない。そうした意味でも、ダライ・ラマ制度は知恵のある制度である。とりわけ、現一四世は、困難な亡命生活の中、チベットの平和的回復を目指すだけでなく、世界平和のために縦横無尽の活躍をしている。

とはいえやはり、先に述べたように、ものごとを分析的に見る自然科学の観点からは、一つの生命体がその気質の少なくとも一部を残したまま生まれ変わる、などということは、理解しがたいことである。しかし、本書のテーマは、それよりもはるかに遠大な、宇宙全体を輪廻転生させよう、という話である。しかもそれを物理学の範疇《はんちゅう》で行おう、というのである。現代自然科学の知見では、たった一つの生物さえ、生まれ変わらせることなどできないのだから、読者のみなさんは、宇宙全体を生まれ変わらせるなんて、笑い話にもならない、と思うだろう。ところが驚くべきことに、一般相対性理論と場の量子論に立脚した現代宇宙論は、そのような現象が実際に起こり得ることを予言するのである。そこに至るまで、物理学者たちは、ダライ・ラマ探しの旅にも比肩するような困難な旅路をたどってきたのである。本書はこれから、このことを解き明かしていきたいと思う。

その行程は以下の通りである。まず第一章では私たち自身、そして宇宙全体の構成要素をさぐる話から始める。第二章は宇宙論を研究する上で、いわば通奏低音のようになっている、宇宙観を持つことの重要性とその変遷について。第三章からいよいよ本論に入り、まずは前世紀末に判明した、宇宙がスピードアップしながら膨張している、という驚くべき事実の解説。第四章ではその原因に関するさまざまな考え方を紹介する。第五章から先は宇宙の歴史を時間軸に沿ってたどり、ここでは宇宙のはじまりに起こったインフレーションについて述べる。第六章では宇宙の未来に関して考察し、現代物理学においていかにして宇宙の輪廻転生が起こるかを明らかにする。最後にこの序章で述べたダライ・ラマ法王に実際に登場していただき、大団円を迎える。

最後までどうぞごゆっくりとおつきあいください。

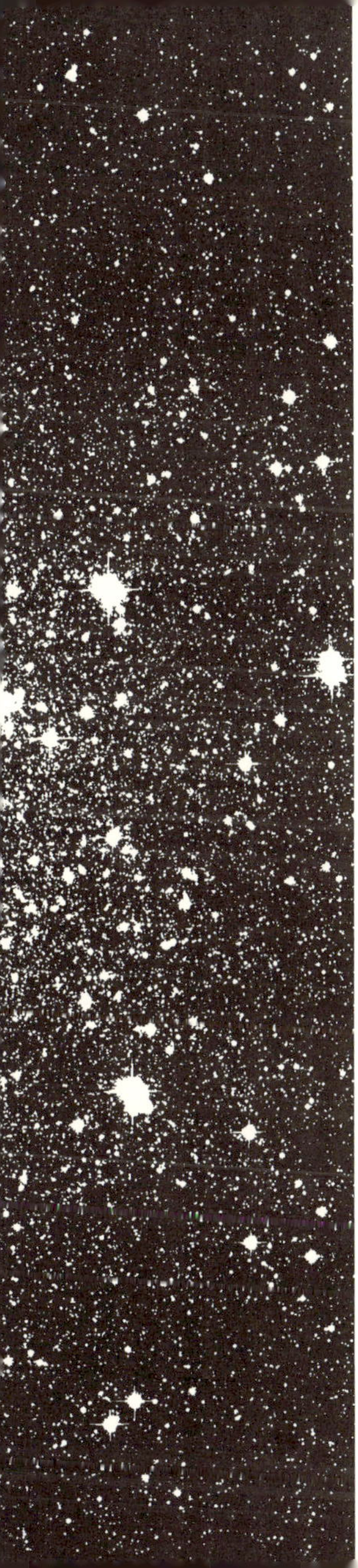

第一章

宇宙の中身をさぐる

わたしたちはどこから来たのか

輪廻転生を信じるにせよ、信じないにせよ、わたしたちの体が何らかの物質によってできていることに異論をはさむ人はいないだろう。

わたしたちを囲む世界が何でできているか、歴史上さまざまな考察がなされてきた。たとえば古来中国では五行説といって、木火土金水を宇宙の構成要素と考えてきた。地球から肉眼で見える太陽系の惑星はこの数に一致しているので、それらの文字を一つずつとって水星、金星、火星、木星、土星と名付けられている。順番があわないのは惑星の色に近い文字を当てはめたからである。この五つはまた曜日の名前にも使われている。この五つに最もなじみ深い天体である太陽と月を加えて一週間の曜日が名付けられているのである。しかしこうした名称は、漢字の本場中国ではなぜか使われておらず、日曜日は星期日、月曜から土曜までは単に数字で星期一から六と呼ぶ全く味気ないものである。毎日の生活に宇宙の星の名前が出てくる日本はなんと天文学的であることか。

中国の五行に対し、古代ギリシアでは四元論を採っていた。空気、水、火、土の四つである。こちらは、数は少ないものの、空気を基本要素と考えたところが特徴である。物質至上主義のせいか、中国人は目に見えない空気を基本要素と考えなかったのである。ギリシアの四元素に対し、もし五番目があったら、クイントエッセンス（第五元素）ということになるが、これは後で別の文脈で登場することになる。

わたしたちが目にするさまざまなものがもとをたどると何でできているのかを知りたい、という欲求は、わたしたちがどこから来たのか、という問いと同じく人類の根源的な欲求の一つである。しかし、歴史的には、物質の成り立ちを探る学問である化学は、そのような純粋な欲求から発達したものではなかった。「銅や錫《すず》のような卑金属から、黄金白銀といった貴金属を、何とかして作れないものであろうか？」というまことに現実的な要求から生まれたものだった。実際、この錬金術は中世の科学の中心テーマだった。あのニュートンでさえ、『プリンキピア　自然哲学の数学的諸原理』を完成させ、古典力学の体系を作り上げた後の後半生は、錬金術に没頭していたことが、彼の遺髪から水銀が検出されていることから証明されている。実際、ニュートンは中世と近世の端境期に生きた科学者だったのである。ニュートンのこうした未発表研究を記録した「ポーツマス文書」と呼ばれる文書をオークションで落札した経済学者ケインズは、「ニュートンは理詰めの時代のさきがけではなく、最後の魔術師だったのだ」と述べている。

物質世界には、金銀や鉄などのさまざまな金属、わたしたちの体や有機物の根幹をなす炭素、空気中の酸素や窒素など、さまざまな元素がさまざまな形態で存在している。これらの間に起こる反応を研究し、さまざまな化合物の性質を調べるのが化学という学問である。しかし、錬金術が失敗に終わったように、どんなに化学反応を究めても、ある元素から別の種類の元素を作ることはできない。化学反応は原子の周りの電子によって支配されており、原子の中心にある原子核の性質を変えることはできないからである。

では、宇宙にある多種多様の元素は、いつ、どこでできたものなのだろうか。それを調べる手がかりとして、まずはわたしたちの宇宙にどんな元素がどれだけあるか、見てみることにしよう。

宇宙の元素組成

現在の宇宙の元素組成を原子番号の順に相対的な比率で表してみると、図1－1のようになる。元素の種類は原子核に含まれる陽子の数によって決まる。この数のことを原子番号という。陽子は電子と大きさは同じだが反対符号の正電荷を持っている。原子核には陽子より少しだけ重い中性子も含まれているが、中性子はその名の通り電気的に中性である。陽子と中性子をあわせて核子と呼び、原子核の中に含まれる核子の数を質量数という。各元素の原子一個の質量はこの質量数にほぼ比例する。この図は、陽子一個と電子一個でできている最も簡単な元素である水素原子一兆（10^{12}）個につき、それ以外の元素が何個ずつあるかを表したものである。各元素はそれぞれ固有の波長の光を吸収したり放出したりする、という性質を持っているので、遠方から届く

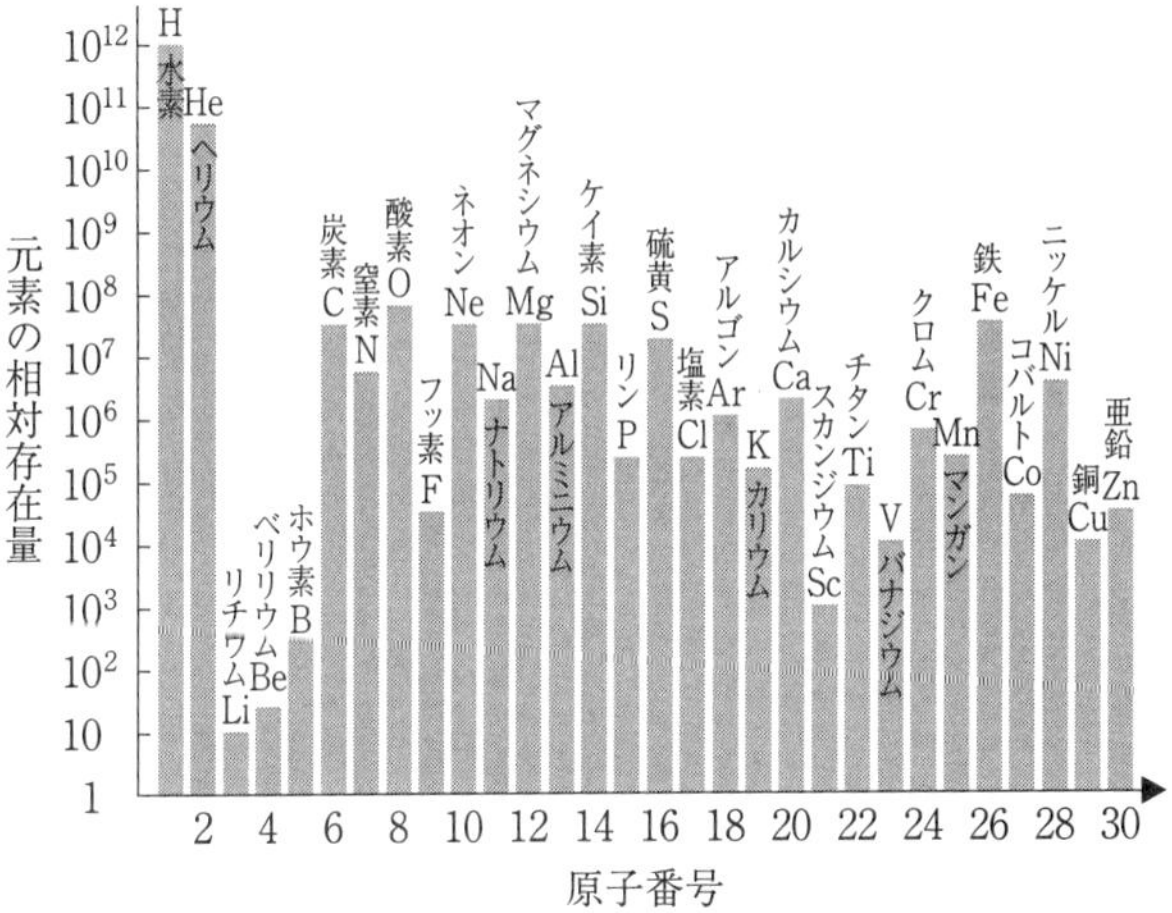

図１－１　宇宙の元素量の相対比　水素原子１兆（10^{12}）個につき、それ以外の元素が何個ずつあるかを表した。

光の波長ごとの強さを測定すると、その光が通って来る途中にどんな元素がどれくらいあるか推定できる。それによって観測できる範囲の宇宙全体の平均的な元素組成を知ることができるのである。太陽の内部にどんな元素がどれだけあるかも、同じように日光を波長ごとに分析してみればわかるのである。

この図を見るといろいろなことがわかる。

縦軸は、一目盛り上がるごとに実際の数値は一桁上がる、という対数目盛なので、宇宙に存在する元素量としては、水素が圧倒的に多く、ヘリウムがそれに続き、その二つでざっと九八パーセント以上を占めていることがわかる。より重い元素を見ていくと、まずリチウム、ベリリウム、ホウ素の量が極端に少ないことがわかる。これらは壊れやすい元素なので、少ないのだと推定される。そこから先は原子番号が増えていくにつれ、でこぼこしながらも徐々に数は減っていることがわかる。このことから、水素など軽い元素を原料にして徐々に重いものができてきたのではないか、と想像力がかき立てられよう。さらに細かく見ると、核子が四の倍数でできている、いわゆる4N核（Nには3、4、5……と順に3以上の自然数が入るので4Nは12、16、20……と増えていく）と呼ばれる元素、すなわち、炭素、酸素、ネオン、マグネシウム、ケイ素、硫黄……の量が、隣り合った元素よりも多いことが見て取れる。これら4N核は、原子核の内部に陽子と中性子を同じ数、しかも偶数個含んでいるので、ヘリウム4を何個か集めて来たのと同じ組成を持っていることがわかる。したがって、ヘリウムを原料にして生成されたのではないか、という仮説が立てられる。そして、重い元素の中では鉄の存在量が突出して多いが、鉄は核子一個あたりのエネルギーが最低である最も安定な元素である、という原子核物理の事実を突きつけられると、なるほどと納得するのである。

元素はどこでできたか

このような元素は太陽をはじめとする恒星の中の熱核反応によって生成される。

宇宙に存在したガス雲が自分自身の持つ重力によって収縮して初代天体ができはじめたのは、

ビッグバン後一億年頃、宇宙の大きさが現在の三〇分の一くらいの頃のことである。その頃どのような質量の星がどれくらいできたか、というのは、実はまだよくわかっていない。水素とヘリウムのガスでできた星が十分収縮すると中心の密度がどんどん高くなり、核融合反応が起こる。太陽中心付近のような環境を地球上に安定的に実現できれば、原子力発電などという危ない手段に頼らずとも、核融合によって安全なエネルギーを取り出すことができるのだが、太陽の中心付近の内部環境は、密度は一立方センチメートルあたり一五〇グラムくらい、温度は一五〇〇万度という、およそ地球上とはかけ離れた状態にあるので、そんなことは望むべくもない。むしろ、遠く太陽からやってくる光をお天気任せで太陽光発電などとして活用させていただく方がはるかに賢明である。

太陽をはじめとする恒星の出すエネルギーのもとは、主として水素原子を使ってヘリウムを作る反応である。太陽の中心付近では水素原子は電離して陽子一個になっているから、水素原子だけを何個集めてもヘリウムにはならない。実際には水素原子四個に電子二個を反応させ、まず陽子二個、中性子二個を作ってから、それを使ってヘリウムを合成するのである。陽子と中性子を一グラムずつ用意してそこからヘリウムを作ったとすると、全部で三億キロカロリーのエネルギーが出る。四〇キロワットの一年分である。

その結果太陽全体が単位時間に放出する光のエネルギーは $L_{\odot}=3.8\times10^{26}$ ワットという莫大な量

になる。これを太陽の光度という。Lの右下につけた⊙は太陽を表す記号である。しかし単位質量あたりの放出エネルギーを考えると、一キログラムあたり〇・二ミリワット程度に過ぎないことがわかる。人間は教室で居眠りしているときも一〇〇ワット程度の熱を放出すると言われているから、単位質量あたりのエネルギー放出という観点からは、人間の方がずっと効率がよいということがわかる。

しかしもちろん、人間の値打ちは、食物を摂取して消化し、それを熱や運動のエネルギーに変換するだけでなく、知的活動を営む点にある。発熱機関としては、人間は太陽よりも偉大な存在だということになったが、情報生成能力としてはどうだろうか？　わたしたちは機械に負けないようにがんばらないといけない。

太陽の中の核融合

それはさておき、太陽の発熱効率が意外にも低いのには理由がある。ちょっと込み入った話になるが、後で述べる本書の主題である宇宙の輪廻転生とも通じるところがあることなので、しばらくの間おつきあい願いたい。

まず、恒星の内部では原子は完全にイオン化しており、電子と原子核に分かれたプラズマ状態になっている。原子核どうしがうまくぶつかり合ってくっつき合えば、より重い別の元素の原子核になるわけだが、各原子核は原子番号と同数の陽子を含むので、それに比例した正電荷を持つことになる。二つの正電荷の間には電気的反発力であるクーロン力が働くので、よほど高い運動エネルギーを与えてぶつけないと、融合させることはできない。二つの原子核の間の距離が10^{-13}センチメートル（原子核の大きさと同程度）以下になってはじめて、湯川秀樹が提唱した、原子核どうしを結びつける引力である核力が、反発力であるクーロン力よりも強くなるので核融合が可能になる。この距離がいかに小さいか、なかなかピンとこないが、イオン化する前の原子において、電子が原子核の周りを動き回る範囲を一周三五キロメートルの東京山手線内にたとえると、原子核の大きさは八畳間くらいでしかないのである。したがって、そのような短距離には大きなクーロン力が働き、それに抗して原子核をくっつけるには、あらかじめ大きな運動エネルギーを用意して原子核どうしをぶつけてやらないといけないのである。

図1－2は原子核どうしを、横軸上に表した各距離まで近づけるために、最初にどれだけの運動エネルギーを与える必要があるか、を表した模式図である。横軸に表示された相対距離のそれぞれの値まで原子核どうしの距離を近づけるためには、その位置での縦軸の値の運動エネルギーを最初に与えて原子核どうしをぶつければよい、ということを表している。もう少しわかりやすく言うと、ターゲットとなる原子核に向かって別の原子核というボールを投げようとしているのだが、グラフに示されたような電気的反発力という壁があるため、図のAの高さ（に相当するエ

ネルギー）で投げたのでは、r_Aの位置でこの壁にぶつかって跳ね返されてしまってターゲットに届かない、ということを表しているのである。しかし、Bよりも高いエネルギーを与えて、壁の上を通るように投げれば、跳ね返らずに距離ゼロのところまで到達できる、ということを表しているのである。距離ゼロに到達するということは、ターゲットの原子核に衝突する、ということを少し科学的に言い直しているだけである。

この壁を越えるために必要なエネルギーを一個一個の原子核が得るためには、温度としては、なんと一〇〇億度もの高温状態を実現しなければならない。しかし実際の太陽の内部温度は、一五〇〇万度くらいだし、他の恒星も大きさによるが一〇〇〇万度から三〇〇〇万度くらいの温度にしかならない。つまり、一〇〇億度よりは何けたも低いのである。それにもかかわらず熱核反応が起こるのは、量子トンネル効果という量子力学特有の現象が起こるからである。

波と粒子の量子論

このことを説明するために、ミクロな世界での物質の挙動を支配する量子論・量子力学について少し述べておこう。今の例で言うと、原子核をただのボールだと思って、一五〇〇万度に相当する運動エネルギーを与えて投げても、反発力の壁に阻まれてぜったいに相手の原子核に到達することはできない。ボールは、わたしたちがふだん目にするマクロな世界で成り立つニュートン

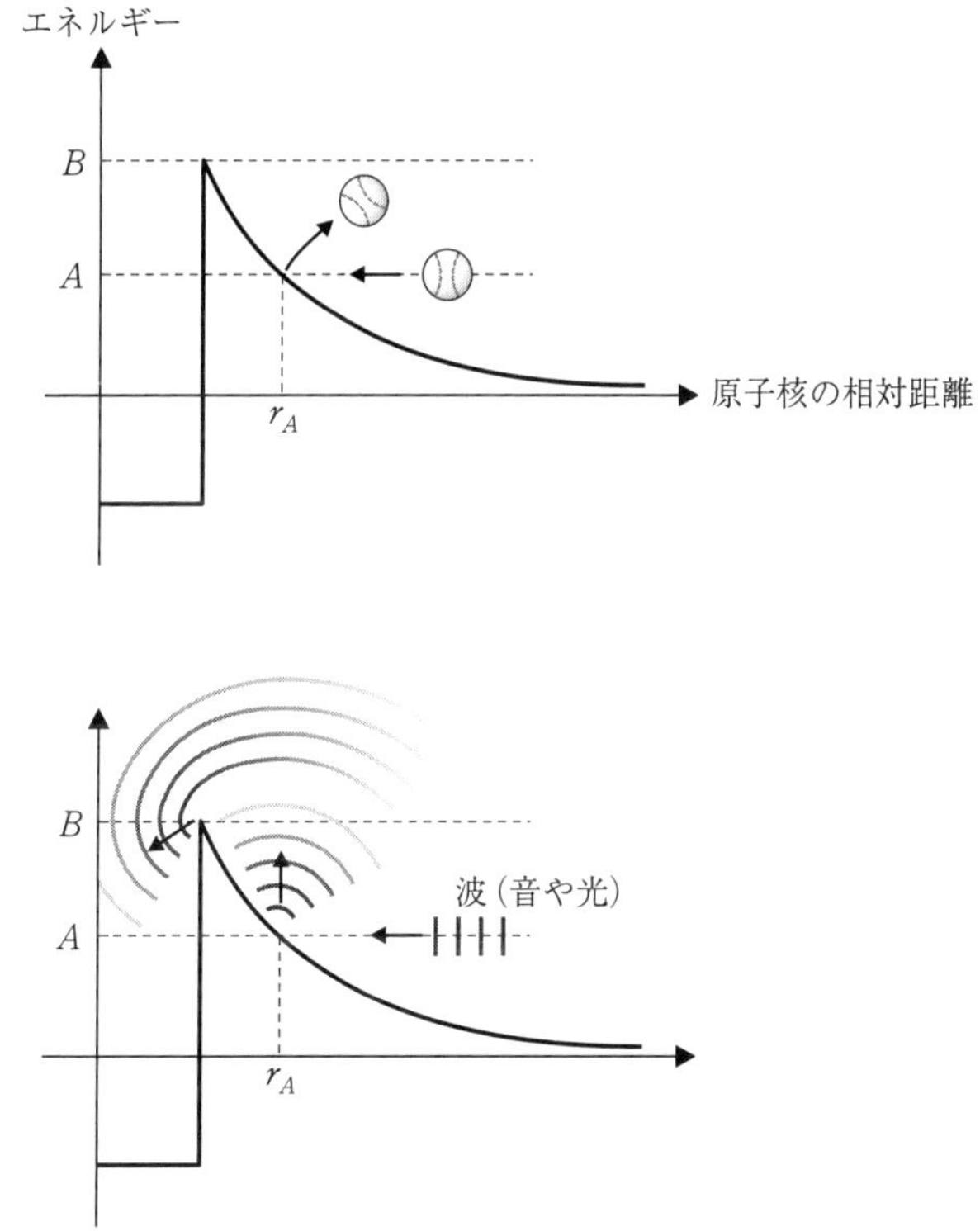

図１－２　原子核どうしを近づけるために必要な運動エネルギー　ボールは壁で跳ね返されてしまうが、波（音波や光）は回折して壁の向こうまで届く。

の古典力学にしたがって運動するからである。だから、壁にぶつかったら、ボールはかならず跳ね返ることになる。ところが、力学の正しい理論は、ニュートン力学ではなく、量子力学という二〇世紀の最初の四半世紀に確立した理論であり、原子核のようなミクロな世界では、量子力学特有の現象が顕著になるのである。

量子力学の教えをひとことで言うと、全ての物体は、粒子と波の二つの性質を併せ持っている、ということである。

量子力学による原子核の運動を考える前に、今考えている図の壁に向かって、ボールを投げるのではなく、同じ高さで指向性の強い音波を出したり、光を向けたりすることを考えてみよう。そのとき、壁の向こうのターゲット原子核にいる人にもかすかに音が聞こえたり、薄明かりが漏れたりして、壁の向こうで音波や光が放出されたことに気付くことだろう。なぜなら、音や光など全ての波は、壁にぶつかったときそのまま逆方向に跳ね返るのではなく、壁にぶつかったらそこから新たな波紋が生じ、一部は回折して壁の向こうまで届くからである。

量子力学にしたがって、原子核もただの粒子ではなく波としての性質も併せ持っている。となると、壁にぶつかった際、波の大半は壁に跳ね返されて反射波となるものの、一部は回折して壁の向こうに届くことができるのである。このようにいうと、波としてはそれでよいとしても、もともとこれ以上分けられない一個の粒子を考えていたのだから、「ほとんどは反射するが、一部は回折して壁の向こうに届く」などというバカげたことは実現のしようがないではないか、と思うかもしれない。

不確定性とトンネル効果

このことは、量子力学では次のように説明される。量子力学でも、原子核はあくまでも一つの粒子として捉えてよい。しかし、波の性質を併せ持っているため、その粒子がいつどこにあり、どんな速度を持っているか、ピタリと言い当てることはできないのである。

「今ここに一個の粒子が止まっている」ということは、その瞬間にその場所だけ観測すれば判断できることである。しかし、「今ここに波が立っている」ということは、一波長分の長さΔxを見渡してはじめていえることである（図1－3左）。逆にもし一点でしか観測することができなかったとしたら、「今ここを波が通った」といえるためには、一波長が通過するだけの時間Δtをかけて観測しなければならないのである（図1－3右）。したがって、どうしても一波長分の長さや一波長通過するだけの時間間隔よりも細かい精度で、今ここに波がある、あるいは波が通った、と主張することはできないのである。量子力学にしたがって運動する粒子は波としての性質も持っているので、このような理由で、粒子の位置と速度を完全に決定することは、できないのである。

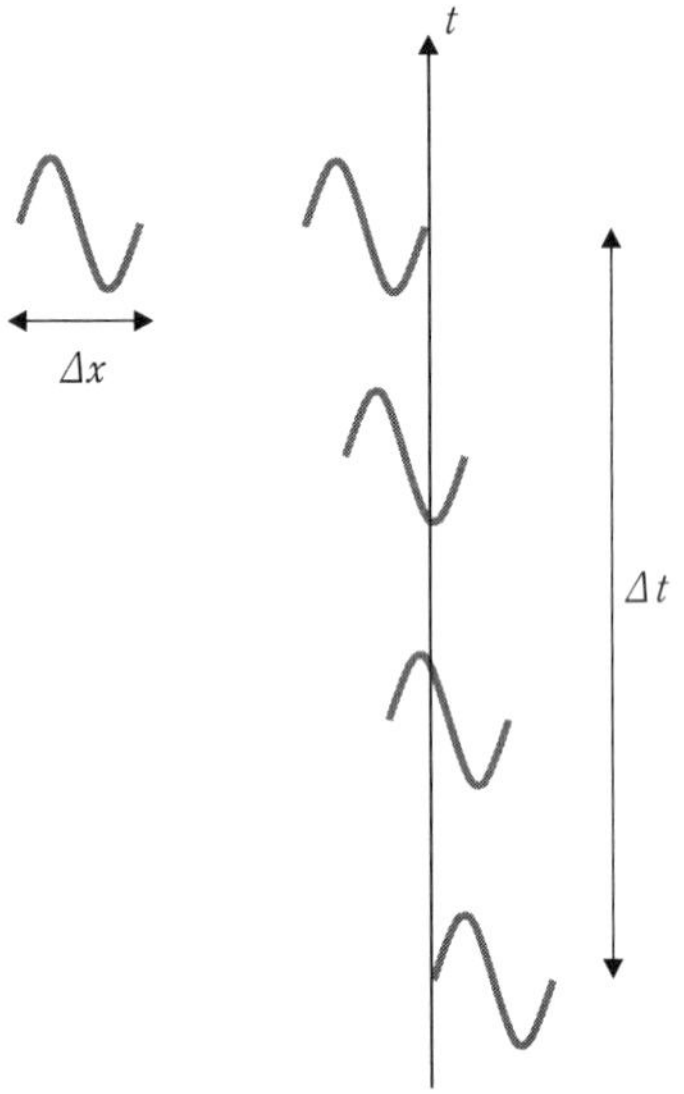

図１－３　波が立っていることを観測するのに必要な長さと時間

逆に言うと、粒子の位置や速度は、量子力学では確率的にしかわからないのである。そしてその確率を与えるのが、まさにその波の強さ（正確に言うと波の振幅の二乗）なのである。

したがって、壁にぶつかった波のごく一部が回折して向こう側に到達する、ということは、ごく小さな確率とはいえ、粒子は壁の向こう側に到達できる、ということである。つまり、この波の回折現象によって波の一部が壁の向こう側に届く限り、粒子もある確率で壁の向こう側に行くことができるのである。これはあたかも、壁にトンネルが空いて向こう側にたどり着くようでもあるので、量子トンネル効果と呼ばれる。半導体を使ってこのことを実現して見せた江崎玲於奈博士にはノーベル物理学賞が与えられている。

恒星の進化

太陽の中の話に戻ろう。もし太陽の中心温度が一〇〇億度あったとしたら、このような量子トンネル効果に頼らなくても、各水素原子核は十分大きな運動エネルギーを持っていて、すぐに融合することができる。しかしそれではあっという間に核融合反応が進んでしまい、莫大なエネルギーが発生して大爆発が起こるであろう。実際には、温度は一五〇〇万度だから、量子トンネル効果という非常にまれにしか起こらない現象によってしか核融合反応は進まない。これが、太陽が発熱機関として効率が悪い理由である。しかし逆に言うと、そのため太陽は長い時間輝き続けることができるのである。

太陽は核融合反応によって水素からヘリウムを作り続けている。生成されるヘリウム一個の質量は原料となる水素原子四個の質量より一パーセント弱小さいので、それに対応したエネルギーがこの核融合反応によって放出されることになる。恒星はそれによって明るく輝いているのである。太陽は夜空を照らす数多くの恒星の中でも、ごく普通の星のひとつである。恒星は、中心の周りで水素を燃焼し尽くすと、ヘリウムの芯（コア）と水素の外層の二層構造になる。ヘリウムコアはだんだん収縮していくが、外層部は逆に大きくなり、赤色巨星と呼ばれる状態になる。

ヘリウムコアがさらに収縮すると、温度が上昇していくため、ヘリウムより重い元素を合成する反応が始まる。次の節で述べるように宇宙初期には二つの原子核を融合させる反応しか起こらなかったが、星の中は初期宇宙のビッグバン元素合成の時代よりも密度がずっと高いため、ヘリウム三個を一気に融合させ、炭素を形成する反応が可能である。いったんそれが起こると、続いて炭素とヘリウムの融合反応から酸素も形成される。こうして中心部でヘリウムが消費されると、そこには炭素と酸素でできた中心核が残ることになる。その後同じように収縮と核融合反応を繰り返し、マグネシウムからケイ素、鉄に至るまでの重い元素が生成する。このように進化した星の内部には、元素がタマネギ状に分布することになる。最中心部が鉄になるのは、鉄は最も安定な元素だからである。つまり、鉄ができるまでの元素合成反応は、夢のエネルギー源として期待されてきた核融合よろしくエネルギーを放出する反応なのだが、鉄より先の重元素を作るためには、逆にエネルギーを注入してやらないといけないのである。仮にそうして重い元素ができたとしても、すぐまた熱を出して壊れてしまうので、鉄より重い元素はこうした安定的な状態の元素合成反応によって作ることはできない。

ビッグバン元素合成

以上のように、恒星の中での元素合成は、まず水素からヘリウムを作るところからはじまるのであるが、実は宇宙にあるヘリウムのほとんどは、星の中でつくられたものではないことがわかっている。というのは、もし全てのヘリウムが今述べたように恒星の中でできたのだとすると、その際同時に放出される核融合エネルギーによって、多数の星が明るく輝きすぎてしまうことになるからである。つまり宇宙の過去の姿を映す遠方の宇宙が、観測されているよりもずっと明るくないと、ヘリウムを十分作ることができないのである。

それでは現在の宇宙のざっと二八パーセントを占めるヘリウムの大半はいつできたのだろうか？　その起源はビッグバン宇宙の初期に求められる。

ビッグバン後三分より前の宇宙はすべての分子や原子をバラバラに溶かしてしまうような灼熱の世界だった。宇宙のはじまりには、高等生命を宿すような炭素化合物はおろか、酸素や窒素さえもなかったのである。ビッグバン後一秒当時の宇宙は、高いエネルギーを持った多数の光子とニュートリノが飛び回り、その中にごくわずかの陽子と中性子がぽつぽつと存在しているような状態だった。光子との存在数の比でいうと、陽子も中性子も光子一〇億個に対して一個ずつくらいしかなかったのである。陽子も中性子も原子の真ん中にある原子核を形成する粒子であり、二つを総称して核子と呼ぶが、陽子は正の電荷を持つのに対し、中性子はその名の通り電荷をもたず中性である。

ビッグバン宇宙初期の元素合成は、この陽子（p）と中性子（n）を融合させてまず重水素を作るところから始まる。重水素（d）というのは水素と同様の化学的性質を持つ陽子一個と中性

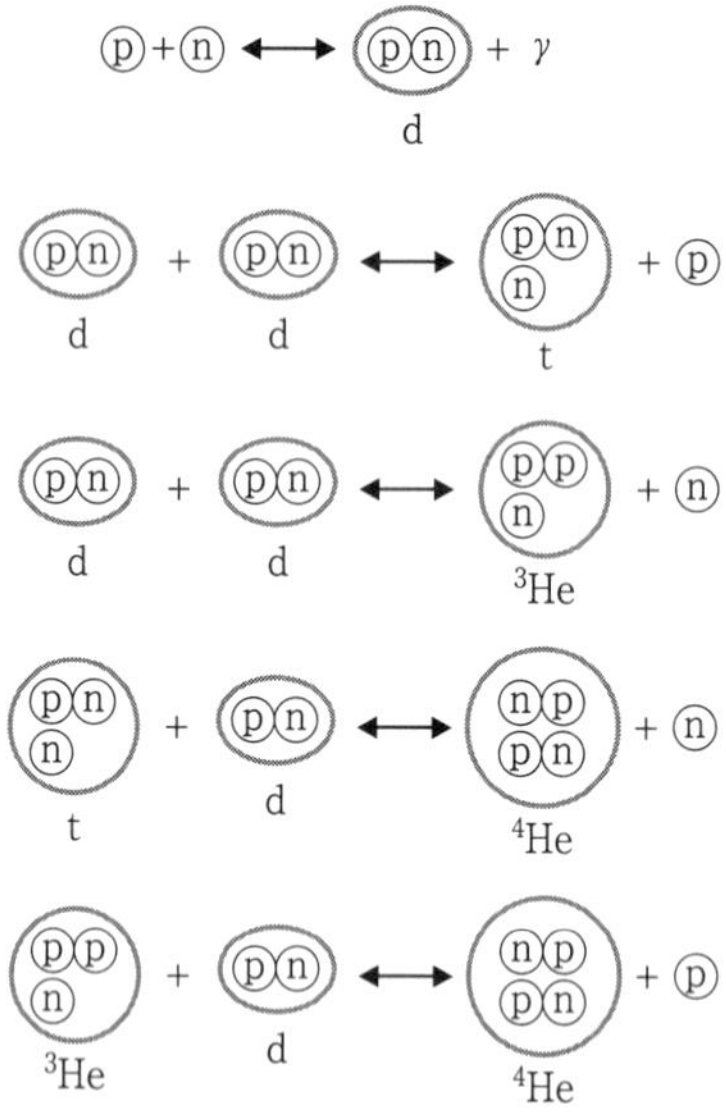

図1－4　ビッグバン宇宙初期の元素合成のプロセス

子一個からなる原子のことである。同様に陽子一個、中性子二個からなる原子を三重水素（t）という。その後図1－4のように次々と核融合反応が起こり、ヘリウム4が生成する。

というといかにも簡単に進むように思うかもしれないが、実はその第一段階が一番の関門である。陽子と中性子から重水素を作る反応は、光のエネルギーを放出する発熱反応であるが、逆に同じだけのエネルギーを持った光子を重水素にぶつけると、重水素はすぐに壊れてしまう。本節のはじめに述べたように、このころの宇宙は光子のほうが核子よりも一〇億倍も多かったので、重水素が壊れずに生き残れるようになるのは、宇宙の温度が一〇億度よりも低くなってからのことである。しかし、中性子は単体で一〇分間放っておくと二分の一の確率で陽子と電子と反ニュートリノに崩壊してしまうため、このとき、中性子の数は陽子の数の七分の一まで減ってしまっている。このとき残っていた中性子が全部ヘリウム４に取り込まれると考えると、最終的にできるヘリウム４の重量比は二五パーセントということになる。

さて、こうしてヘリウム４ができた後はどうなるか？

実はビッグバン元素合成はこの段階でほぼ止まってしまう。それは、以下のような理由による。この次に起こるべき反応は、こうしてできたヘリウム４に陽子をぶつけてリチウムを作る反応か、あるいはヘリウムどうしをぶつけてベリリウム８を作る反応、ということになる。核子の数でいうと五か八の原子核を作るということである。しかし、核子の数が五または八の安定な原子核は世の中には存在しない。ヘリウム４があまりにもよくできた、安定な原子核であるため、核子の数が五または八の原子核を作ろうとしても、ヘリウム４と核子、あるいはヘリウム４二個にすぐに壊れてしまうので、反応が進まないのである。こうしてビッグバン元素合成はヘリウムで打ち止めである。

核子数が五または八の安定な原子核が存在しないということは、わたしたちの宇宙で起こったビッグバンとか宇宙の膨張とかとは全く無関係に、原子核の持っている固有の性質である。しかしこの性質はその後の宇宙の進化に多大な影響を及ぼしている。つまり、もし質量数五や八の安定な原子核があったとしたら、ビッグバン元素合成はそこを難なく通り越して、もっとずっと先まで、つまりもっとずっと重い元素まで突き進んでいったことだろう。原子核として最も安定なのは鉄である。もし仮にこうして宇宙のはじめに中性子が全部鉄の中に取り込まれてしまったとしたら、後の宇宙で恒星の中でこうした重元素を作るまでもなく宇宙は重い元素だらけになってしまっていたかもしれない。もしそんなことが起こっていたとしたら、ガスを固めて星を作ろうとしてもこれ以上核融合を起こすことができないので、夜空には星はなく、星のないところには仮に地球のような惑星があったとしても、文明を営むような生命体は存在できなかったであろう。

恒星の最期

原子核の持つこうした固有の性質のおかげでわたしたちの宇宙はそんなことにならずに済み、ビッグバン元素合成の後は、宇宙は元素組成という点では七割五分の水素と二割五分のヘリウムを保ってしばらく過ごしてきたことになる。その後元素組成に変化が現れるのは、天体が形成され、星が光り始めてからのことである。それによってヘリウムをはじめとして、順々に炭素や窒素、酸素と重い元素が徐々に作られるようになり、最終的には鉄までたどり着くのである。

しかし、すべての質量の恒星が、このように中心部（コア）で鉄を生成するまで進化できるわけではない。恒星の最終的な運命は、その質量がいくらであったかによって大きく異なる。人間の寿命がいつ、どのようにして尽きるかは人によって千差万別であり、全く予測不可能であるのに対し、恒星の運命は質量と伴星の有無、つまり太陽のように孤立した恒星として存在しているのか、それとも二つの恒星がペアをなして重心の周りを互いに回る連星系をなしているのか、その違いだけで決まるといってよく、その意味では、人の一生の方が星の一生よりもはるかに波乱に富んでいて複雑なものだといってよいだろう。

恒星の運命を質量に応じて大ざっぱに分類すると、表1－1のようになる。褐色矮星《かっしょくわいせい》というのは熱核反応を起こせず、太陽になり損ねた、木星のような星のことである。また、白色矮星《はくしょくわいせい》というのは縮退圧と呼ばれる量子力学的効果から生じる電子の圧力で支えられた超高密度天体で、その密度は一立方センチメートル当たり一トンにも及ぶ。白色矮星が連星系のなかにあると、相棒の星から降り積もるガスによって徐々に温度が上がっていくと、ある段階で炭素の燃焼が始まり、壊れた原子炉の暴走のような反応が起こる。その結果、炭素の爆発的燃焼波が発生し、星全体が吹き飛ばされてしまう。これをⅠ型超新星爆発という。超新星爆発とは、一部の星が一生の最後に示す激しい爆発現象のことであり、大きく分けてスペクトル線中に水素の輝線（96ページ参照）が見られないⅠ型超新星爆発とこれが見られるⅡ型超新星爆発に分類される。Ⅱ型超新星爆発の方は、表中の比較的重い星の中心部で鉄の光分解が起こった反動で起こる爆発現象の方である。Ⅱ型超新星爆発の後には、元の星が比較的軽い場合には、中性子でできた白色矮星よりもさらに数億倍も密度の高いコンパクト天体である中性子星が、重い場合にはブラックホールが中

表1－1　質量によって異なる恒星の最期

質量（太陽質量の何倍かを表す）	最期
0.08倍以下	核融合反応を起こすことができないので褐色矮星という暗い天体になる。
0.08〜0.6倍	核融合反応を起こし、中心部にヘリウムコアができる。外層は宇宙空間に流れ出し、ヘリウムコアの白色矮星が残る。
0.6〜8倍	中心部の核融合反応によって、炭素や酸素も生成し、最後はこれらからなる白色矮星になる。
8〜20倍	中心部に鉄のコアができる。中心温度が約4000万度を超えると鉄は光分解し、急収縮する。その反動で超新星爆発が起こる。残骸に中性子星が残る。
20〜40倍	中心部に鉄のコアができる。中心温度が約4000万度を超えると鉄は光分解し、急収縮する。その反動で超新星爆発が起こる。残骸にブラックホールが残る。
40倍以上	鉄が光分解して急収縮した際、そのままブラックホールになってしまう。

心に残る。このあたりの境界値はまだよくわかっていないので、表中に書いた太陽質量の二〇倍とか四〇倍とかいう数値はおおよその値である。

恒星の中でどんなに活発に元素合成反応が起こったとしても、それが最後までその星の中にため込まれてしまうのであれば、宇宙空間には依然としてビッグバン元素合成によってできたヘリウムと、ヘリウムになれなかった陽子からなる水素しかなかったことだろう。しかし、こうして星の進化の最後に起こる超新星爆発によって、恒星の内部で生成したさまざまな元素が宇宙空間にばらまかれるので、宇宙空間にはさまざまな元素が存在するようになったのである。

超新星爆発の意義はそのことだけにとどまらない。これまで考えたような星の中での元素合成は、定常状態で静かに起こる反応ばかりであった。そのため最も安定な鉄までしか進むことがなかった。しかし、超新星爆発のように内部環境が急激に変化する状況では、定常状態では起こりえないような反応も起こるので、金や銀、そしてウランなど鉄よりも重い元素が生成されるかもしれない。

こうした元素が生成されるもう一つの可能性は、連星系をなしている中性子星が重力波放出によってエネルギーを失い、ついに合体する際である。金や銀の希少性はこのようなところに原因を求めることができるのである。宝石箱の金の指輪を取り出して眺めて、この指輪がいつどの星の爆発によってできた金でできているのか、想像してみると、最近古びてくすんできたような気がする指輪も輝きを増すのではないだろうか。

まとめると、ヘリウムより重い元素のうち、鉄までは恒星の中の核融合反応によって作られ、それより重い元素は星の進化の最終段階に起こる超新星爆発のとき、そしてその後に残される中性子星がペアを作って最後に合体するときにできたと考えられる。地球上のすべての物質も、わたしたち自身の体も、もとをたどれば星の中でできたのである。

人は死んだら星になる、とよくいわれるが、実際はそうではなくて、逆に人は星の中から来たのである。

ダークマターの発見

夜空を眺めて見えるのは、光を出して輝く星とその集まりの銀河なので、光で観測する限り、宇宙はわたしたち自身と同じような元素でできている、と思うだろう。しかし光だけでなく電波を使って観測したり、光の観測をもとに、頭脳を働かせて銀河の動力学の問題を解いてみると、宇宙には実は目に見えない謎の物質が目に見える元素以上にたくさんあることがわかる。

このことをはじめて指摘したのは、アメリカの天文学者(国籍はスイス)ツビッキーで、ハッブルやルメートルの宇宙膨張の発見から数年後の一九三四年のことであった。彼は銀河団の中の銀河の運動を分析することによって、銀河団内にどの程度の強さの重力が働いているかを見積もったのである。重力の強さがわかれば、その元になっている質量の大きさもわかる。彼は光で見える質量のざっと四〇〇倍もの「見えない質量」があることを発見したのである。

わたしたちの太陽系は天の川銀河と呼ばれる銀河の端の方にある。自分自身を含む天の川銀河の姿を正確に表すのは簡単ではないが、二三〇万光年の彼方にある隣の隣の大銀河であるアンドロメダ銀河と同じように、円盤上に星が渦を巻いて分布している渦巻き銀河である。万有引力の法則によると、二つの星の間に働く重力は、その質量の積に比例し、距離の二乗に反比例する。この力は空間のどの向きにも同じように働くはずなので、お互いに万有引力を及ぼしあう星ぼしが球状に分布するのではなく、円盤上に分布する、というのは不思議なことである。円盤の遠くにある星どうしはより近くに、円盤という平面的な分布ではなく立体的な分布をした方が、万有引力の法則にかなっているからである。実際、星どうしの引力だけを考慮したシミュレーションでは、円盤銀河はすぐに壊れてしまったという。

天の川銀河やアンドロメダ銀河が渦巻き銀河のままでいられるのは、星のほかに重力を及ぼしあう目に見えない物質があって、しかもそれが円盤上だけではなくて球状に分布しているためだと考えられている。このことは観測からも確かめられる。円盤銀河の星は中心の周りを緩やかに回っているが、その回転速度から星に働く遠心力を求めることができる。銀河の外に向かって働く遠心力と中心に向かって働く重力が釣り合って星の位置が決まっていると考えられるので、それによって銀河の、星の位置より内側にある部分の全質量を推定することができる。さらに、銀河の外側のガスしかない領域の回転速度を電波によって観測することによって、より広い範囲の質量を測ることができる。

その結果、各銀河には星の持っている質量の一〇倍程度の見えない質量があることがわかった。これをダークマターという。ダークマターというのは、光を出さない、電磁力の働かない何らかの物質であり、その正体はまだわかっていないが、未知の素粒子であると思われている。

素粒子の世界

素粒子、という言葉が出てきたので、現代物理学が物質の基本構造をどのように理解しているか、ちょっとだけ述べておこう。どんな物質もその内部構造を調べていって、最も細かな基本要素に分けて考えよう、というのが基本方針であり、それ以上分解できない限界を構成する要素が素粒子である。したがって、ある時代は素粒子だと思われていた粒子が、実はさらに下の階層のいくつかの粒子によってできていることがわかると、その粒子は素粒子としての地位を剝奪される。たとえば、素粒子物理学の創始者のひとりである湯川秀樹博士の時代には、陽子、中性子といった核子や中間子は素粒子だと考えられていたが、現在ではこれらはクォークというさらに小さな素粒子によって構成されていることがわかっている。すなわち陽子はアップクォーク二個とダウンクォーク一個、中性子はアップクォーク一個とダウンクォーク二個でできており、中性パイ中間子はアップクォークかダウンクォーク一個とその反粒子一個でできている。これに対し、原子核の周りをうごめいている電子は、その発見以来今日まで素粒子としての地位を守り続けている。

素粒子にはこのように物質を構成する粒子のほか、力のもとになる粒子もある。力、と一口に

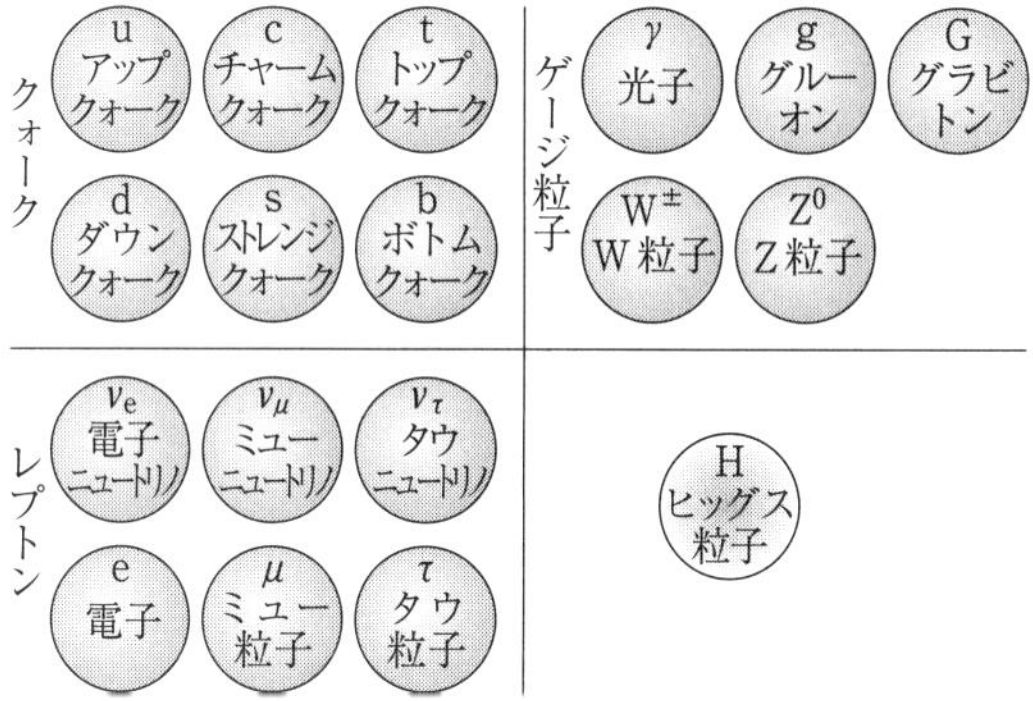

図1－5　標準模型における素粒子の種類　物質を構成しているのがクォークとレプトン、力を伝えるのがゲージ粒子。グラビトンはまだ発見されていない。

言っても重力、学力、摩擦力、忍耐力、といろいろあるが、ここでいっている力というのは素粒子どうしにはたらく相互作用のことで、これには四種類しかないことが知られている。それは、重力、電磁力、強い相互作用、弱い相互作用、の四つである。これら四つの相互作用には、それぞれの力を伝えるもとになる素粒子が存在する。重力にはグラビトン、電磁力には光子、強い相互作用にはグルーオン、弱い相互作用にはウィークボソン（W粒子とZ粒子）など、というように（図1－5）。

　素粒子によって力が伝達される、という考え方は湯川秀樹にはじまるが、これを直感的に理解するには、湖にボートを二艘《そう》、舳先《へさき》が互いに逆向きになるように浮かべ、その間でキャッチボールをしてみたらよい。ボールをやりとりするうちに互いの距離はだんだん遠ざかっていくだろう。ここではこのボールが二つのボートの相互作用を表し、それは反発力であることがわかる。しかしただのボールではなく、銀行強盗に目印をつけるために銀行の窓口に備えてあるカラーボールを投げつけたらどうなるだろう？　ボールを投げつけられた相手の体は橙色に染まってしまうだろう！　これと同じように素粒子の中には、相互作用をすることによって相手の種類を変えてしまうような作用を持つものもある。さらに、重いボールはがんばって投げても遠くまで届かないであろう。同じように重い素粒子によって媒介される力は遠くまで届かないのである。電磁力を伝える光子と重力を伝えるグラビトンは質量ゼロなので、どこまでも届かせることができる。だからわたしたちの知覚できるマクロな世界でもその影響が見えるのである。

さて、四つの相互作用のうち、重力はニュートンの万有引力の法則以来、わたしたちに最もなじみ深い力である。わたしたちの体の持つ質量と地球の持つ莫大な質量の間に働く万有引力のおかげで、地球が自転していることによる遠心力によって自分の体が地球から振り飛ばされてしまう心配はないのである。

電磁力は、電荷を持った物体どうしに働く力である。陽子は正の電荷、電子は負の電荷を持つが、異なる符号を持つ電荷どうしはお互いに引力を及ぼしあうため、電子は通常は原子核にまとわりついて、原子を構成しているのである。逆に、原子の中の電子に外から力を加えてそれをはじいてしまうと、電子は原子核からの電気的な引力の呪縛から離れ、イオン化するのである。

このような静電気力のことをクーロン力というが、小学生の時、下敷きを自分の着ているセーターでこすって頭にかざし、髪の毛を逆立てた経験が誰しもあるだろう。下敷きをこすったとき、電子の一部が髪の毛から下敷きに移動するため、下敷きは負の電荷を、自分のアタマは正の電荷を帯び、両者の間には電気力であるクーロン力が働く。それで、こんなことが起こるのである。これに比べると磁石どうしに働く磁気力の方がはるかになじみ深い。しかし、こうした電気力と磁気力は、電磁気学という学問の中で理解される同じ相互作用の別の形態なのである。目に見える光は光子からなる電磁波のうち、特定の波長、すなわち四〇〇から八〇〇ナノメートルの波長を持つものである。

これに対し、強い相互作用と弱い相互作用は素粒子どうしのミクロなスケールでしか働かないため、わたしたちはこれを普段直接知覚することは全くない。強い相互作用は原子核の中に陽子と中性子をひとかたまりにくっつけている力である。陽子は正電荷を持つため、陽子どうしは電気力によって互いに反発しあうが、にもかかわらず原子核というかたまりを作っていられるのは、この強い相互作用のほうが原子核のような小さなスケールでは電気力よりもずっと強いからである。つまり強い相互作用による引力が電気力による反発力に勝っているのである。原子核の中にはまた、ウランのように不安定で他の核種に崩壊するものもあるが、この崩壊反応をつかさどるのも強い相互作用の役目である。また、中性子が陽子と電子と反ニュートリノに崩壊する反応を引き起こすのが弱い相互作用である。強い相互作用と弱い相互作用の違いがピンとこないかもしれないが、これらは今後本書にはまず出てこないので、心配には及ばない。どちらも原子核の中などの超ミクロなスケールでしか働かず、普段知覚されることはないからである。とはいえ、原子爆弾の爆発時や、原子力発電所の内部では、これらの相互作用による反応が起こり、エネルギーが取り出されているので、わたしたちの生活も、そういう意味では、これらの基本相互作用ともはや無縁ではいられなくなってしまった。

日常生活における相互作用と素粒子相互作用

そのような困った例外はあるにしても、わたしたちの平和な日常生活は、重力と電磁力だけに支配されているといってよい。

エレベーターに乗って上の階に昇り始めるとき、急に自分が重くなったような気がする。逆に下り始めたときは軽くなった気がする。これは、エレベーターに乗っている人が全員同じように感じるので、あたかもエレベーターの中の重力が瞬間的に強くなったり、弱くなったりしたかのようである。これらはエレベーターが加速しているときに感じる力であり、加速の向きが上向きか下向きかによって、感じる力の向きもちがうのである。このような力を慣性力という。遠心力も慣性力の一種である。慣性力とニュートンの万有引力を統一して新たな理論体系を作ったのが、アインシュタインの一般相対性理論である。つまり、慣性力も遠心力も重力のあらわれなのである。

では、もう少し実体的な例である、机を指で押したときに感じる反発力や、重い荷物を引きずるときに感じる摩擦力の正体はなんだろうか？　実はこれらはすべて電磁力である。指を机に押しつけるとき、まず最初に接触するのは、指の表面付近にある原子の中で原子核を取り巻く電子と、同じく机の表面付近にある原子の中で原子核を取り巻く電子たちである。これらがクーロン力によって反発しあうことが、わたしたちの指が机に押し返されるように感じる力のもとになっているのである。荷物を引きずるときに感じる摩擦力のもとも同じで、やはりもとをたどれば電子どうしの間に働く力である。

ものにさわってみてそれを感じる、ということも、同じように電磁気学の作用であることは、もはや明らかであろう。指が机を押したときに感じる反発力と同じことだからである。さわったときの手触りの違いは、煎じ詰めれば表面付近における原子の分布の仕方の違いだ、ということになる。また、わたしたちは木に触るとぬくもりを感じ、金属にさわると冷たいと感じる。その違いは木に含まれる電子は各原子核に束縛されているのに対し、金属中には自由に動き回れる自由電子が多数あることにある。それらがわたしたちの手の持っている熱をどんどん運び去るから、わたしたちは金属を触ったとき、冷たいと感じるのである。

相互作用が働くのは、このように直接接触する場合だけではない。わたしたちが目でものを見る、ということも物理学の基本相互作用の結果なのである。このことを少し考えてみよう。わたしたちが本棚に並んだ本の背表紙の題名を読みとることができるのは、天井の電灯からの光が本に当たって反射し、その反射光が目の水晶体を通って網膜に達するからである。網膜に結像した画像は網膜上で生体電気信号に変換され、脳に達し、わたしたちは背表紙に書かれた文字情報を認識するのである。この間に起こるすべての現象はやはり電磁気学によって支配されている。

わたしたちは何でできているか

話が細かいところに行き過ぎてしまった。わたしたち自身の体が何でできているか、という話にもどろう。

生物と無生物の違いは何か。それは細胞と代謝の有無である。もっと正確に言うと地球上の生命体はタンパク質によってできており、代謝によって活動するためのエネルギーを得ている。そして、DNAとRNAという二種類の核酸によって同じタンパク質を作り、子孫を残していく。このタンパク質と核酸が含まれている入れ物が細胞である。したがって、宇宙史の中で生命がいつ、どのようにして誕生したかを知るためには、タンパク質と核酸がどのようにしてできたかを明らかにする必要がある。このことは、生物学の問題としてはもちろんのこと、宇宙論の問題としてもとても興味深い問題であるが、未だ定説のない大問題である。

しかしとにかく、わたしたちの体も他の生物の体も、細胞によってできている。わたしたちの体はざっと三七兆個もの細胞によってできている。さらに、一つの細胞には一〇〇兆個もの原子が含まれているのである。だからもし人間が輪廻転生するとしたら、そのどの部分が残って複製されるのかを、調べないといけないのである。

第二章

宇宙観の変遷

偏見からの解放

古代エジプトの宇宙

わたしは二〇一一年に、日本学術振興会の支援を得て、宇宙論に関する日本・エジプト共同ワークショップを開催するため、エジプトはカイロの近代技術情報大学エジプト理論物理学センターに滞在する機会を得た。ムバラク政権末期の動乱のさなかのことであったが、日本学術振興会のカイロ事務所と連絡を取りながら、危険なのはカイロ中心部のタフリール広場あたりの一部の地域だけだ、との情報を得ていたので、強行したのである。そのときエジプト側の主催者がルクソールまでのエクスカーションを企画してくれ、王家の谷をはじめとする新王国時代の遺跡を視察する機会に恵まれた。

ここに限らず、古代エジプトの遺跡は基本的に死後の世界のために作られたものである。彼らにとっては現世よりも死後の世界の方がはるかに大切だった。権勢を極めた大王といえども、現世の居城は、石造りではなく、日干し煉瓦《れんが》でできていたらしい。したがって、今日わたしたちが目にするのは、日常生活の遺跡ではなく、死後の祭礼と埋葬のための遺跡がほとんどである。

王家の谷には五、六十の墳墓があるが、八〇エジプトポンド（邦貨一〇〇〇円強である）の入場料を払うと公開中のものの中から三つ選んで中に入ることができる。しかし、ツタンカーメン王とラメセス六世の墓だけは例外で、ツタンカーメンの墓はそこ一ヵ所だけで一〇〇エジプトポ

図2－1　ラメセス六世の玄室の天井画

ンド、ラメセス六世の方は五〇エジプトポンドを徴収される。ツタンカーメン王の墓はこの王家の谷で唯一盗掘を免れたものとして有名であるが、彼は少年王として若くして亡くなってしまったので、その墓は質素である。一〇〇エジプトポンドかかるのは有名料ということだろう。

それに対し、ラメセス六世の墓は玄室にいたる地底通路からして美しい壁画で囲まれている。さらに玄室の天井画には、彼らの持っていた三四五〇年前の宇宙観が描かれているので、そこはわたしたち宇宙論学者にとっては、まさに聖地といってもよいような場所である。本当は内部の写真撮影は禁止だが、特別に許可を得て撮影することに成功した（図2－1）。

天井には胴体をうんと長くデフォルメされて

四つん這いになった二人の女神が描かれている。そして一方の胴体の中にはたくさんの星が、もう一方には太陽とおぼしき赤丸がいくつか描かれているのである。実はこの二体はいずれも天の神様ヌウトであり、その両手両足で空が落ちてこないように宇宙を支えているのである。そして対になっているのは、それぞれ昼と夜を表し、昼間星が見えないのは、この神様が星を食べてしまうから、夜が暗いのは、神様がお日様を食べてしまうからだ、というのである。そして半日たつと星や太陽が神様から消化されずにまた出てくるので、一日が繰り返される、というわけだ。荒唐無稽だと嗤《わら》うのは簡単だが、地上に昼と夜があり、空が落ちてこない、という三つの観測事実を説明したという点では、統一理論のさきがけということもできよう。つまり、彼らもなるべく少しの仮定でなるべく多くの観測事実を説明できるような考えを採ろう、という近代科学の精神の一端を既に持っていたのである。

しかし、ルクソールに行って何より驚かされたのは彼らの巨石文明である。彼らは、電磁気学こそ知らなかったので、わたしたちと同じような文明生活を営むことはできなかったが、力学の知識はひょっとしたらわたしたちよりも優れていたかもしれない。お釈迦様もイエス様も生まれる前にこれだけすごい文明があったというのは、大変なことだとつくづく思った。そして、先にも述べたようにエジプトの遺跡の多くは死後の世界のためのものだが、彼らは現世ではいったいどのように救いを求めていたのだろうか？　ただ単に死後の世界に向けてこうした建築を行うことが救いになっていたのだろうか？　地に石を積むよりも、天に宝を積む方が尊いことだと思うのだが。

今回の出張ではピラミッドには出掛けなかったが、以前行ったときの印象と比較すると、愚直に石材を積み重ねていったピラミッドと比べ、ルクソールの大神殿は高くそびえる巨石の柱が石材の梁を支える構造になっていて、しかも各石柱にはヒエログリフが所狭しと書かれているので、建築の規模としてはピラミッドに一歩も二歩も譲るものの、その技術水準と文化水準の高さという点ではより印象的だった。こうした美しい文字の羅列は、現在のわたしたちにしてみれば美術的価値しか見て取ることができないが、これを実際の文字情報として読み取った古代エジプトの人びとは、どのように受け止めたのだろうか。

ところで、こうした偉大な古代エジプト文明を築いた古代エジプト人と現代のエジプト人は別の種族である。現代のエジプト人にはこうした遺跡に巣くって暮らしている人びとが大勢いる。ルクソールの視察先で唯一、死者とは関係のない遺跡である当時の労働者の住居跡に行ったときのことである。隣にある神殿まで案内してくれた案内人に心付けを渡したところ、ちょうど神殿内の説明人にその場を見られ、わたしは説明人には何もわたさなかったので、取り合いになるというアクシデントが起こった。

カイロ空港には「Young Egyptian に学ぼう！」という大きなポスターがあちこちに貼ってあ

った。要は「古代文明建設当時の賢明な古代エジプト人に学ぼう」という趣旨である。ともかく、三〇〇〇年以上も前の遺跡を糧として未だに暮らしていけるのだから、これらをつくったご先祖様（いや現在のエジプト人は古代エジプト人とは血のつながりはないので、先住民と呼ぶべきか）に足を向けて寝ることはできない。

ともかく、古代エジプトの宇宙観は、先に述べたように、天は女神ヌウトによって支配され、地上は地の神ゲブの配下であると考えていた。

二元論的宇宙観

この古代エジプトと同じく、世界各地で勃興したさまざまな古代文明における宇宙観は、基本的には、「天と地」という二元論的なものであった。

四大古代文明の残り三つを西から順に見て行こう。まず、古代メソポタミアでは、大地は周囲を海洋に囲まれていて、さらにその外側には高い絶壁があり、ドーム状の天井につながっていると考えていた。天井の内部は夜の世界だが、東西には穴が空いていて、太陽や月が出入りできると考えていたのである。宇宙の仕組み自体はエジプトのものとよく似ているが、より無機質的であるといえよう。

古代インドにはさまざまな宗教が起こったが、バラモン教の聖典であるその最古の宗教文献

「ヴェーダ」では、宇宙は天と地と空気の三層からなると考えられていたという。空気は天と地をつなぐいわば緩衝帯《バッファアーゾーン》であり、雲や雨は地の空間に属し、太陽はその上を通るとされていた。大阪市立科学館には、古代インドの宇宙観を表象した像が安置されている。一番下に大蛇がとぐろを巻いており、その上に大きな亀が、さらにその上に何匹かの象がいて、地面はゾウの上に載っているのである。地の中心には須弥山《しゅみせん》という山がある。しかし、この宇宙観はインドのさまざまな神話をまとめた結果、できあがったものであり、統一された宇宙観としてあるものではないようだ。

さて、「宇宙」という言葉がはじめて登場するのは、紀元前二世紀、前漢時代に出た『淮南子《えなんじ》』という、今でいえば百科全書に相当するような書物であり、そこには、「往古来今謂之宙、四方上下謂之宇」つまり、「往古来今これ宙という、四方上下これ宇という」と書いてある。すなわち、宇宙の宇は四方上下の空間の広がり、宙は過去から未来に至る時間の流れ、を表しているというのである。昔の中国人は偉かった。アインシュタインより二〇〇〇年以上も前に、宇宙というのは、空間だけでなく、時間の広がりも持っているということを認識していたのである。

古代中国にはさまざまな宇宙観があった。古くは「天円地方説」という、正方形の大地の上を丸い天が覆っているという考え方であった。これは後に蓋天説につながった。これによると、天と地は平行であり、夜が来るのは単に太陽が視界の外に遠ざかるからだと考えられていた。蓋天説に基づき、夏至の日の正午に遠く離れた二点で地面にたてた同じ長さの棒の影の長さを測ることにより、三角測量と同じ原理で太陽までの高さが推定された。一方、全く別の考え方に「渾天《こんてん》説《せつ》」があり、それによると天と地とは卵の殻のような入れ物に入っており、ちょうど黄身のあるところに大地が浮かんでいるというのである。太陽や星は殻の内側を運行することになる。これらと大きく異なるのが、「宣夜説」という説で、それには、天には形がなく虚空で、大きさも無限大だという、現代に通じる点があった。

韓国の宇宙観は、中国の蓋天説に通じるところがあり、彼らによると大地は方形の海の中に浮かんでいるというものであった。ソウルの景福宮には今も世界をかたどった池が残されている。このほかの有名な原始宇宙論として、海の民ヴァイキングの皿宇宙観がある。円盤の真ん中に陸地があり、そのまわりは海で、円盤の端で海水が滝のように流れ落ちている、というのである。雨がどこから降るのか、海から滝を落ちる水がどこへ行くのか、そこには説明がない。物質総量が保存しているという点では、中国の渾天説の方が優れているといえよう。

天動説と地動説

以上のような二元論的な宇宙観と比べると、古代ギリシアで成立した地球球体説は画期的なものであったといえる。わたしたちの立つ大地は天と相対するものではなく、地球という天空に浮かぶ一つの天体の表面に過ぎないことを明らかにしたからである。つまり、天と地、という二元論的宇宙観はついに克服され、地球も天すなわち宇宙の一部であることが唱えられたのである。これによって人類の宇宙理解は大きく進むことになった。科学的理解への第一歩を踏み出したといってよい。しかし、古代ギリシア人がどのようにして地球が球状であることを認識するに至ったのかは、よくわかっていない。場所によって見える星が異なることなど、自然を懸命に観測しての結果であることは疑いないが。

もちろん、プトレマイオスに代表されるギリシア宇宙観は、わたしたちの暮らす地球が宇宙の中心である、という天動説に基づくものであった。太陽も、水星、金星、火星などの惑星も地球の周りをぐるぐる回っている、というのである。しかし、太陽はよいにしても、惑星の運行はこのような単純なモデルでは説明がつかない。たとえば火星は地球から見ていつも同じ向きに動くのではなく、まれに逆行するような時期も現れるからである。このことを説明するため、プトレマイオスは、各惑星の軌道は地球を中心とした単なる円軌道なのではなく、図2－2のように二つの円、つまり周転円と誘導円の重ね合わせでできた軌道上を運行すると考えたのである。いかにも複雑な理論ではあるが、少なくとも当時の観測データを説明する、という意味では十分なものであった。また、精度が足りなくなったら円の数を追加していけばよいのである。太陽を中心とする近代力学に基づいた宇宙像においても、地球を座標の中心にとれば、そのような表現が可

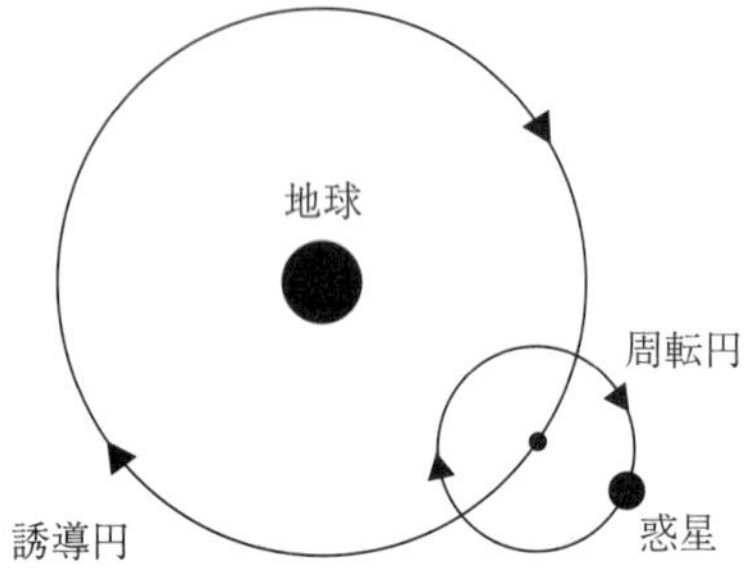

図2－2　プトレマイオスの宇宙観
周転円と誘導円を組み合わせることで惑星の運行を説明している。

能である。

さて、古代ギリシアの宇宙観に遅れること二〇〇〇年後に唱えられた地動説は、思想的には神様の特別の恩寵を受けた人類の暮らす地球は宇宙の中心ではなく、太陽系の惑星の一つに過ぎないことを主張するものであり、天動説によって地球中心説に安住していた人々にとってはまことに受け入れがたいものであった。そこで、現在も思想上の大転換をする際、これを主張したコペルニクスの名を取って、コペルニクス的転回、というわけである。

しかしわたしは、前に述べた天と地という二元論から古代ギリシアの地球球体説への転換の方が、より重要な意義を持っていたと考える。この、「天と地」に限らず、世の中には二項対立、二元論によって解釈されようとすることがたくさんある。「物質世界と精神世界」、「心と体」、「科学と宗教」、というように。これらを、互いに対立するものとしてとらえるだけではものごとは進歩しないからである。

さて、天動説に比べると地動説は、天体の運行の簡単な数学的記述を与える、という点で優れた考え方であった。さらに重要なのは、地動説に基づいて観測を整理した結果、その背後に潜む理論的背景までもがニュートンの手によって明らかになったことである。こうした解釈がもとになって、ニュートンの運動の法則や万有引力の法則が生み出され、これによってはじめて、「地球をはじめとする太陽系の各惑星は、太陽と距離の二乗に反比例した引力を及ぼしあい、その結果太陽を焦点とする楕円軌道上を運動する」という帰結が得られたのである。

とはいえ、地動説が観測的に検証されたのは、コペルニクスやニュートンの時代よりもずっと後になってからのことで、一七二八年にイギリスの天文学者、ジェームズ・ブラッドリーが年周光行差を発見したことによってであった。風のない日、雨は鉛直上方から降ってくるが、速く走っている人にとっては、あたかも横殴りの雨が自分に向かって降ってきているかのように感じられる。同じことが遠くの星から届く光に対してもいえるのである。地動説によれば、地球は太陽の周りを一年かけて回っているので、季節によって遠方の星に対して動く向きが変わるわけである。そのため星の光が飛来する方向が季節によって違って見えるのである。これが年周光行差である。ブラッドリーはりゅう座ガンマ星を観測し続けることにより、これを発見したのである。

地動説のもう一つの証拠は年周視差である。わたしたちは夜空の星を見るとき、あたかも全て

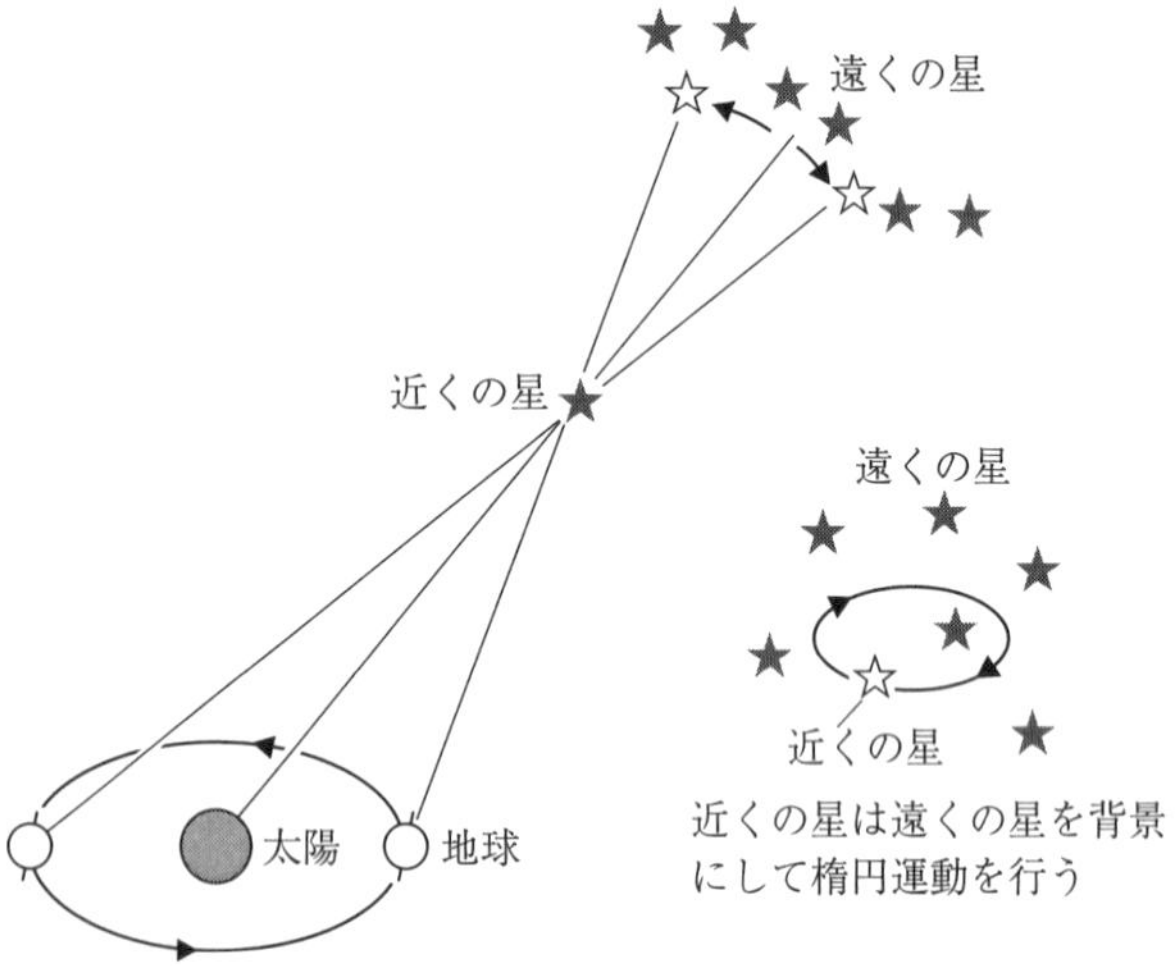

図2－3　年周視差　地球の公転運動によって、近くの星の見かけの位置は遠くの星を背景にして楕円運動を行う。

の星が遠方の球面状の同じスクリーン上に輝いているかのように感じる。実際には星は三次元的に分布しているのだが、点光源がパラパラと離れて分布しているだけなので、奥行き方向の広がりを感じ取ることができないからである。その結果、図2－3のように相対的に近くの星は遠方の星に対して見かけの位置が季節によってずれてくることになる。これが年周視差である。年周視差をはじめて観測したのは、ドイツの天文学者・数学者ベッセルであり、彼ははくちょう座の六一番星を観測し、〇・三一四秒角という年周視差の値を得た。それに基づいてこの星までの距離を一一・四光年と計算した。現在天文学的な距離を表すのに、パーセク、という単位を使うが、これは年周視差が一秒角になる位置にある天体までの距離を表し、三・二六光年、3×10^{16}メートルの距離に相当する。その一〇〇万倍がメガパーセクであり、宇宙論に登場する距離はこの単位を用いて表される。

第三章

加速膨張宇宙の謎

これまで述べた物質は、元素にしても、ダークマターにしてもすべてニュートンの万有引力の法則に従い、重力を及ぼし合って互いに引き合うという性質を持っているものばかりであった。と、ひとことで言ってしまうとまことに単純だが、わたしたちがこのように断言して憚《はばか》らない背景には、物理学の長い歴史がある。

ガリレオとニュートン

一六世紀のこと、まずガリレオ・ガリレイは、ピサの斜塔から大きさの異なる二つの鉛玉を落として、これらが同じ加速度で同時に落ちることを確認した。すなわち物体に働く重力はその質量に比例することを示したのである。実際には鉛直方向に落とすだけではあっという間に落ちてしまうので、彼は斜めにわたしたレールの上に鉛玉を滑らせて実験していた。フィレンツェの博物館には、ガリレオの右手中指と共に、そのような器械が残されている。ピサとフィレンツェはローカル線の電車で一時間ほどの距離であるが、わたしはフィレンツェのガリレオ・ガリレイ研究所に三週間滞在した際、週末を利用してピサの斜塔を訪問することが叶った（図3-1）。

ピサの斜塔と言えば、左側の写真のように大聖堂と一緒に、いかにも傾いて写っている写真は何度も見たことがあったが、「もし、これを横から見たらどう見えるのだろうか？」というのがわたしの長年の疑問であった。念願叶って実地検分に赴いた際、左横から撮ったのが中央の写

図3－1　ピサの斜塔　左から順に正面、左横、右横から撮った写真。

真、右横から撮ったのが右側の写真である。左横から撮った写真は向こう側に倒れかかっていることがわかるし、右横からの写真は上の方がこちらに迫ってきて恐怖すら感じる。こうして、ピサの斜塔は三六〇度どこから眺めても傾いていることがわかるのだ、ということが確認できて、とてもうれしかった。

このように、科学を研究するには、ものごとを一方向からのみ観測して現象の一部分だけを見るのではダメであり、文字通りいろんな角度から眺めてみることが大切なのである。

ニュートンの宇宙

ガリレオ・ガリレイがこの落体の法則を発見したのに対し、アイザック・ニュートンは、リンゴが木から落ちるのを見て万有引力の法則を発見した、とよく言われる。彼の業績はそれに留まらず、運動の法則を明らかにし、古典力学の大系をも作ったのである。その結果、チコ・ブラーエやケプラーの発見した太陽系の惑星の運行の諸法則を理論的に説明することに成功したのである。

彼の力学理論の集大成である『プリンキピア　自然哲学の数学的諸原理』において理論を展開するに当たって、ニュートンは、まず力や運動量などいくつかの定義を述べたあと、註として、時間・空間・場所・運動に関する見解を述べている。これらについては、「万人周知のものとして、その定義を与えることはしない」という一方、「普通一般の人々はこれらを感覚に関係した量に他ならないと理解しており、そのためにある種の先入観が生じている。これを取り除くためには、それらを絶対的なものと相対的なもの、真なるものと見かけ上のもの、数学的なものと通常のものとに区別するのがよい」として、「通常のもの」でない方を、絶対時間と絶対空間として、それらの定義を以下のように述べている。

「絶対的な、真の、そして数学的な時間は、おのずから、またその本性から、他のなにものにも関わりなく、一様に流れるもので、別の名を持続という」

「絶対的な空間は、その本性において、いかなる外的事物にも無関係に、常に同形、不動のものとして存続する」

これらはいずれも絶対的な意味を持ったものだというのである。したがって時間と空間によって特徴づけられる宇宙そのものも、その中にどんな天体や物質があろうとなかろうと、常に変わらぬ存在であることになる。

ニュートンはこのように、宇宙空間は、幾何学で考えるような単なる三次元ユークリッド空間に過ぎず、太陽系の惑星は、その中を距離の二乗に反比例する引力を太陽から受けながら運動する、として、惑星の運行を説明することに成功した。理由はわからないが、距離を隔てた二つの物体の間には、質量の積に比例し、距離の二乗に反比例する重力が働くのだ、という万有引力の法則が成り立つとすることによって、ケプラーの三法則にまとめられる観測結果をみごとに説明することに成功したのである。

ニュートン以前は、デカルトの渦動説やフックの波動説のように天体の存在が周りの空間に何らかの変化を引き起こし、それによって力が伝わる、という考え方だったので、ニュートンのある意味ではアッサリした考え方は、画期的なものであったといえる。たとえばデカルトは真空の存在を否定し、物体の運動は他との接触によらなければ変化しないと考えたのである。

実は、ニュートン自身もあるときまでは重力の起源は物体に流れ込むある種の流体によるものだと考えていたが、のちにこうした考えを放棄した。虚心坦懐に、逆二乗則、という事実に基づいた現象論的な記述のみで満足することにし、その理由まで問うことを止めたのである。そして、「わたしは仮設を作らない」という有名な言葉を残した。

ニュートンはまた、「リンゴが落ちてくるのを見て万有引力の法則を発見した」と言われているが、彼が見抜いたのは、リンゴを地球に向かって落とす力——これはガリレオの落体の法則のもととなる力である——と、月を地球の周りにとどめておく力が、同じ重力である、ということである。今日の物理学もその流れを受け継いでいる。重力は、どんな物質・粒子に対しても質量の積に比例して距離の二乗に反比例した強さで同じように働く、と考えるのである。

また、近い距離にあるリンゴに働く力と、遠くにあってその正体も直接にはわからないお月様に働く力が、まったく同じものである、と考えたところは、現代の素粒子物理学がめざす統一理論の先駆けであったといっても良い、偉大な業績である。ニュートンの生家にあったリンゴの木は落果しやすいケントの華という品種だった。英国立物理学研究所の計らいで、このリンゴの木の苗木が一九六四年に日本学士院長宛に届いたが、ウイルスに感染していたため、東大理学部附属植物園で高温隔離栽培され、新しく伸びた枝先のみを摘み取って接ぎ木することにより、ウイルスのない苗木を作ることに成功した。その一つが現在も同植物園で育てられている。

ニュートン力学の限界と一般相対論の誕生

ニュートンの運動の法則や万有引力の法則は、『プリンキピア』の出た一六八七年以来、古典力学の正しい理論として君臨していたが、一九世紀になって天文学の観測精度が進んでくると、ほころびが見え始めてきた。天文学者の頭を悩ませた有名な例が水星の近日点移動である。

太陽に最も近い惑星である水星は、太陽を焦点とする楕円軌道を描いて公転する。太陽に一番近づいた点である近日点での太陽との距離は四六〇〇万キロメートル、最も遠のいた遠日点での距離は七〇〇〇万キロメートルほどである。ニュートン力学が厳密に正しくて、しかも他の惑星の影響が無視できれば、いつまでもこの楕円軌道を描いて回り続ける。しかし実際には、金星など近くの惑星の重力の影響を受けるので、近日点の位置は一回転するごとに少しずつずれていく。観測によると一〇〇年間に五七四秒角（〇・一六度ほど）ほどずれていく。そのほとんどはニュートン力学の範囲で説明可能だったが、ごく僅か、一〇〇年に四三秒角（〇・〇一二度である）だけはどうしても説明がつかなかった。中には水星の内側にバルカンという未発見の惑星の存在を仮定し、その重力で説明しようという説まで現れた。

そのような未知の惑星など仮定しなくても水星の近日点移動をみごとに説明したのが、アインシュタインの一般相対性理論である。一九一五年のことだった。アインシュタインは特殊相対性理論によってニュートンの運動の法則を塗り替え、一般相対性理論によって万有引力の法則を塗り替えた。つまり、ニュートンの「絶対時間」「絶対空間」という概念を捨て去ったのである。アインシュタインによると、重い星の周りでは空間が歪んでしまい、その歪みを通して重力が伝わるというのである（図3－2）。柔らかくて平らなスポンジの上に鉛の玉を置くとその周りが凹むが、その近くにパチンコ玉をはじくと凹みに応じてパチンコ玉の軌道があたかも鉛玉に引っ張られたかのように曲げられる。アインシュタインによると、重力の本質はこうした空間の歪み

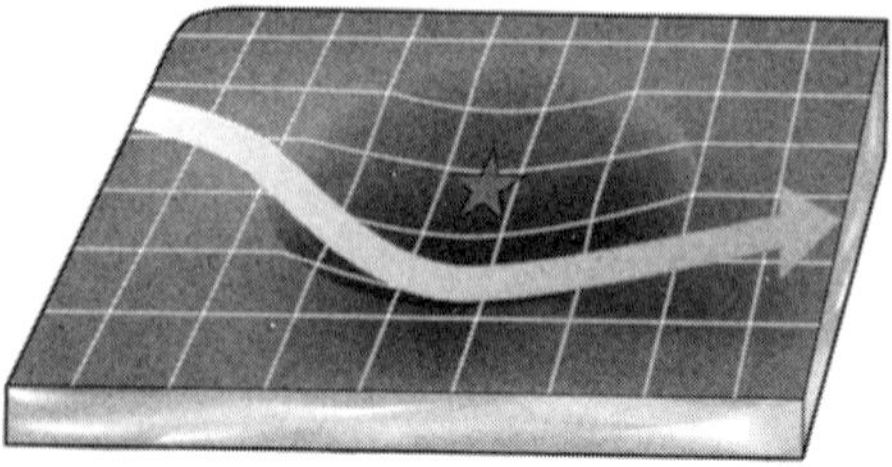

図3－2　重力による空間の歪み　アインシュタインの一般相対性理論によると、質量やエネルギーを持った物質どうしに引力が働くのは、空間が歪むためだと理解される。

だというのである。パチンコ玉は星から直接万有引力を受けるというよりは、星の作った空間の歪みから力を受けるのである。そういう意味ではニュートンのように遠く離れた天体どうしが直接万有引力を及ぼし合うのではなく、デカルトやフックの考えたような、何らかの近接作用によって力が働く、という考えに先祖返りしたともいえる。しかし、デカルトやフックは、空間自体は不変であると考え、その代わりに重力のもとになる渦だの流体だのといった物質を導入し、それらがぶつかることによって力が働くと考えていた。そのためエネルギー保存則に矛盾したり、いろいろ困ったことが起こっていたのである。

アインシュタインの宇宙

しかし、アインシュタインといえども、ニュートンと同じく、宇宙全体は変化などせず、永劫不変であると考えた。

一般相対性理論のアインシュタイン方程式は、宇宙に存在する物質やエネルギーが宇宙の構造を決定する、ということを表している。わたしたちの身の回りに見えるものは、リンゴも地球も太陽も万有引力を及ぼし合って互いに引き合っている。だからこそリンゴの木を揺らしてリンゴの実が枝から離れると、とたんにリンゴと地面の距離が縮まってしまう――地面に立っているわたしたちから見ると、要するにリンゴが落ちてくる――のである。夜空に輝くたくさんの星ぼしも同じように万有引力を及ぼし合っている。もしアインシュタインが考えたように、宇宙は全体として変化しないものであったとして、星ぼしや、それが多数集まってできている銀河が静かに止まっていたとするとどうなるか？　銀河どうしは万有引力を及ぼし合っているのだから、互いの距離が縮まっていくことになる。一般相対性理論によれば、それは宇宙空間までもが小さくつぶれていってしまう、ということを意味する。このことに気づいたアインシュタインは、宇宙空間自体が反発力を持っているのだ、という大胆な仮定をおき、このことを表す宇宙項というものを自分の方程式に導入し、この反発力と銀河どうしの引力が釣り合って、変化せずに静かな宇宙が実現しているのだ、と考えることにしたのである。

しかし、このアインシュタインの宇宙は実はとても不安定なもので、まともな宇宙モデルにはならないことがすぐわかる。たとえば、もし完全に釣り合った状態より少しでも銀河の密度が高いと、宇宙項による反発力よりも銀河どうしの引力が打ち勝って、宇宙は小さくなり始める。そして宇宙の体積が減ると銀河の密度は前より大きくなるので、引力はさらに強くなり、宇宙はいっそう小さくなって、ついには潰れてしまう。逆に、もし銀河密度が釣り合いの値よりも小さかったら、今度は宇宙項の反発力の方が勝って宇宙は大きくなり始め、するとますます銀河密度は薄くなり、いずれスッカラカンの宇宙になってしまう。

アインシュタインの一般相対性理論は、ニュートンの万有引力の法則では説明できなかった、水星の近日点移動という現象をみごとに説明したすぐれた理論であり、この新しい理論に基づいた宇宙モデルがうまくいかないというのはまことに困ったことであった。しかし実は、間違っていたのはアインシュタインの方程式ではなくて、宇宙は永劫不変であるという偏見の方だったのである。

ルメートル・ハッブルの宇宙

このことにアインシュタインが気づいたのは、一九二九年にアメリカの天文学者エドウィン・ハッブルが「遠方の銀河は地球からの距離に比例した速度でわたしたちから遠ざかっている」という観測事実を報告してからのことであった。実はそれ以前に、ロシアのフリードマンが、宇宙項などというものを導入せずにアインシュタイン方程式を解き、膨張宇宙を表す解を発見していたのだが、アインシュタインはそれをナンセンスだと斥《しりぞ》けていたので、よほど恥ずかしかったのか、宇宙項を導入したことを「生涯最大の失敗」であったと後に述べた。なお、ベルギーの神父であったジョルジュ・ルメートルも独自の観測解析によって宇宙が膨張していることをハッブルに先駆けて一九二七年に見出しており、さらに今日のビッグバン宇宙論に対応する、「原始原子」から膨張宇宙がはじまった、という理論を提案している。

というわけで、ルメートルやハッブルの発見によって膨張宇宙論に基づいた近代宇宙論が幕開けを告げたのだが、そこに入る前に二つのことを注意しておきたい。

まず第一に、「遠方の銀河はわたしたちからの距離に比例した速度で遠ざかっている」というハッブルの法則だけからただちに「宇宙は膨張している」という結論が得られるわけではない、ということである。思いつく限りでいちばん簡単な解釈は、大昔にはすべての銀河がいまわたしたちがいるあたりに集合しており、ある瞬間にヨーイどんといっせいにいろいろな速さをもっていろいろな方向に、それこそ蜘蛛《くも》の子を散らすように遠ざかり始めたというものである。スピードの速い銀河は同じ時間により長い距離を進むことができるので、現在観測したとき、より遠くにある銀河が距離に比例して大きな速さをもって依然として遠ざかっている、ということを自然に説明できるわけである。

しかしこの説はわたしたちが今いる場所が宇宙の中心でなければ成り立たない議論であり、これは近代自然科学の立場からは致命的な欠点であるといわざるを得ない。天文学の歴史を紐解くと、古来人類はわたしたちの住む地上こそが宇宙世界の中心であると考え、太陽や夜空の星ぼしはわたしたちのまわりをぐるぐる回っているのだと考えていた（天動説）。しかし、観測の進歩とともに、そう考えたのではどうも天体の運行を説明するのにやたら複雑な理論が必要であることが徐々に明らかになり、ついにはむしろ太陽を中心と考え、地球も水星や金星と同様に太陽の周りを回る惑星の一つにすぎないのだ、と考える方が、都合がよいことがわかった（地動説）。このことは、単に地球と太陽とどちらが太陽系の中心か、という科学的な問題としてだけではなく、わたしたちの存在そのものの意味づけにも変革を迫った、画期的な出来事だったといえる（コペルニクス的転回）。

　このような歴史に学ぶと、太陽系よりももっと大きな宇宙全体を考えたときに、わたしたちの暮らす天の川銀河が宇宙の中心でなければハッブルの法則を説明できない、というのでは困る。いまさら地球中心説に逆戻りするようなことはナンセンスである。自然科学の研究というと、何か無機質的な、人の情念とは無関係なもののように思われがちだが、実際は、自然は人間を映す鏡であり、その研究も根底では人間のあり方に深く関わっているのである。なお、ルメートルの原始原子宇宙理論は、聖書の天地創造を彷彿させるため、科学を宗教から切り離して捉えたい科学者からは賛同を得られにくかった。

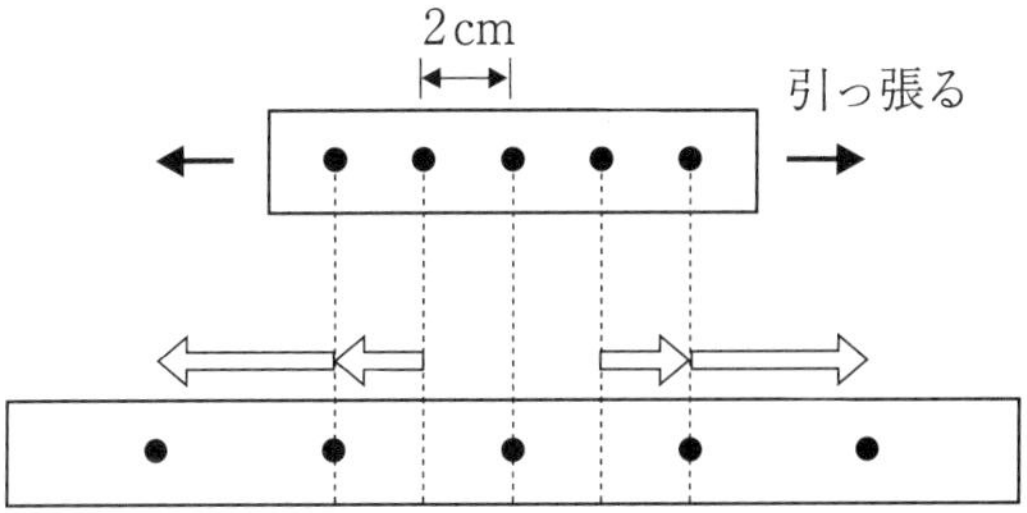

図3－3　ゴムひもにつけた印の間隔の変化

ともかくこうしてヨーイどん説がダメであるとなると、ハッブルの法則に対して別の説明を与えなければならない。しかもそれはわたしたちだけでなく、遠くの別の銀河に住む宇宙人から見てもやはり同じように遠方の銀河ほど距離に比例した速さで遠ざかるように見えるようなものでなければいけない。地球人と宇宙人を差別する理由はない、というのがコペルニクス的精神の真髄だからである。それを実現するのが、「宇宙空間は一様に至るところ同じ速さで膨張しているのだ」という膨張宇宙説である。

宇宙が一様に膨張していると考えたらハッブルの法則が宇宙の至るところで成り立つということは、次のような実験をすれば簡単にわかる。まず一〇センチメートルほどのゴムひもを用意して二センチメートル間隔に印をつけ、その両端を持って徐々に引っ張っていくとゴムひもは一様に伸びる（図3－3）。印をつけた各点が互いにどのように遠ざかっていくかを観察すると、はじめの隔たりの大きかった点ほどその長さに比例して速く遠ざかっていくことがわかる。さらに、どの点を基準にとっても同じように遠くの印ほど速く遠ざかることがわかる。こうして、もし宇宙空間が縦横高さ三方向すべてに一様に膨張していたら、地球人から見ても、宇宙人から見ても同じようにハッブルの法則が成り立つことが説明できる。このように、宇宙空間のどの点も大きな目で見れば差別なく同等なのだ、という考え方を「宇宙原理」という。宇宙原理は現代宇宙論を支える重要な原理であり、たとえて言うならば宇宙というのは非常に民主的にできている、ということである。

ここでもう一つ注意。宇宙空間が膨張している、といったとき、その中にあるものすべて――モノサシやわたしたち自身の体を含めて――が同じように膨張していたとしたら、そもそも膨張していることを感じることはできなくなってしまうだろう。現実の宇宙で起こっているのは、銀河（差し渡し数万光年くらい）より小さなスケールのものは大きさをそのまま保って宇宙に浮かんでおり、それより広い空間が膨張している、ということである。

宇宙膨張の加速度

わたしたちの宇宙はビッグバン以来（後で見るように実際はもっと前から）、膨張を続けているが、常に一定の速さで膨張を続けてきたわけではない。膨張速度がだんだん遅くなるスローダウン型、つまり減速膨張をしてきたか、あるいはだんだんスピードアップしていく加速膨張をしてきたのか、いずれかである。また、時代とともに違った膨張の仕方をしてきたかもしれない。

理論的には、引力を及ぼしあう元素やダークマターしかなかったとしたら、一般相対性理論に従い、これらの引力を宇宙自体も感じ、たとえ宇宙が大きくなり続けているにしても、物質の引力に引っ張られて、そのスピードはだんだん遅くなるはずである。つまり、減速膨張をするはずである。ビッグバン宇宙論はそのことを前提に組み立てられた理論であった。

しかし、宇宙膨張が実際に予想どおり減速しているのか、それとも加速しているのかは、観測によって決着しなければならない問題である。これは膨張速度の時間変化を測る、ということなので、長い時間にわたる膨張速度のデータが必要になる。つまり、より遠くまで観測する必要があるのである。遠くを見れば見るほど光が届くのにより長い時間がかかるため、より昔の宇宙の状態から観測できるからである。

遠くを見るには、より明るい天体を観測しなければならない。そのためにうってつけの天体現象が、宇宙の元素の起源のところでも出てきた、超新星爆発である。そこでも述べたように超新星爆発にはいくつか種類があるが、宇宙の膨張史をたどるために使われるのは、Ia型超新星と呼ばれるものである。

超新星は、観測的には水素の吸収線を含むか含まないかでI型とII型に分類されるが、水素の吸収線を含まないI型の中でも、Ia型は連星系で起こるものである。連星系とは太陽のような恒星二個が互いに重心の周りをぐるぐる回っているような系《システム》のことを言い、恒星のざっと半分くらいはこのような連星系をなして宇宙に存在していると考えられている。連星のうちの重い方の星はより速く原子核を燃やし、白色矮星に進化してしまう。すると、もう一方のまだ核融合によって光を出し続けている相棒の星からどんどんガスが降り積もってきて、白色矮星はだんだん重くなっていく。白色矮星は電子の持つ圧力によって何とか支えられている老いぼれの星なので、あまり重くなりすぎてしまうと自分自身の重さを支えきれなくなってしまうのである。具体的には、太陽質量の一・三八倍を超えて重くなると、潰れてしまい、その時内部に残されていた炭素が爆発的燃焼を起こし、その結果超新星爆発が起こるのである。

図3－4は、NGC4526という銀河で、一九九四年に観測された超新星1994Dの写真である。Dというのはその年の四番目に見つかった超新星爆発、という意味である。超新星の最大光度は太陽の数十億倍にも及ぶ。銀河一個には太陽と同じような星が数十億個含まれているから、超新星一個の明るさは銀河全体の明るさと同じくらいにもなるのである。したがって、かなり遠くで起こった超新星爆発も望遠鏡を使って見つけることができるのである。

先にも述べたように、宇宙の膨張史を観測によって読み解くためには、まずは遠くを見る方策が必要である。その意味では銀河一個と同じくらい強烈に明るい超新星はうってつけである。これで第一の条件はパスした。

図３－４　NGC4526銀河で起こった超新星1994Ｄ
(NASA/ESA, The Hubble Key Project Team and The High-Z Supernova Search Team)

　次に、各超新星までの距離を正確に知る必要がある。そのためには超新星の真の明るさ、絶対光度を知る必要がある。別の方法で距離を推定できる近くで起こった超新星爆発のデータによると、絶対光度が大きければ大きいほど、超新星の明るさが最大に達してから徐々に減光していくそのスピードも緩やかである、ということが既に一九七〇年代よりチリの観測家フィリップスによって指摘されていた。見かけの明るさが時間と共にどう変わっていくかをグラフにしたものを光度曲線というが、光度曲線をさまざまな観測結果を用いて補正することで、見かけの明るさの変化から、真の明るさの最大値を精度よく推定できるようになった

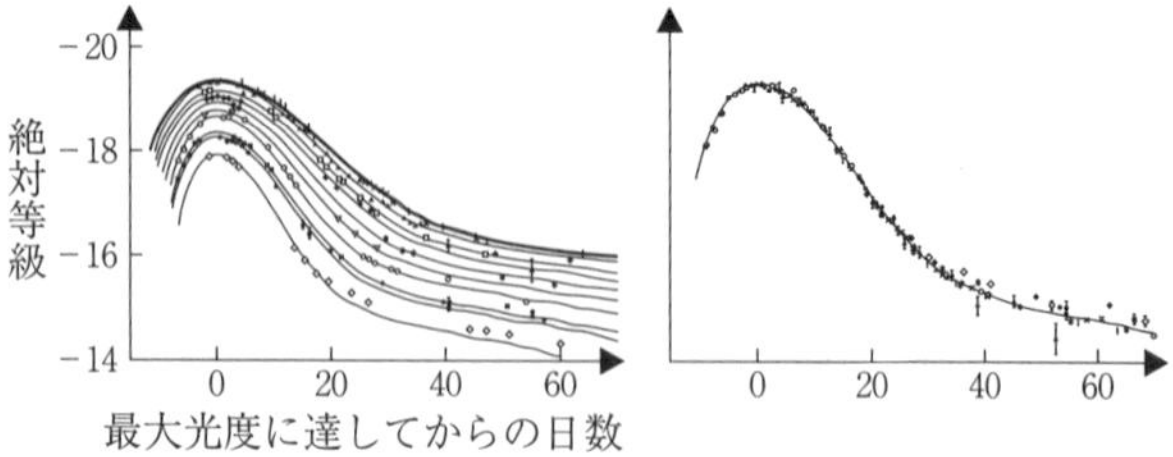

図3－5　超新星の明るさの時間変化　横軸は超新星が最大光度に達した日を基準に測った日数、縦軸は真の明るさを表す絶対等級を表す。早く暗くなるものほど暗いことがわかる。暗くなるスピードでこれを補正すると右図のように、全てのＩ型超新星の明るさの時間変化は同じ曲線でフィットできることがわかる。（高梨直紘氏提供の図を改変）

のである（図３－５）。

こうして超新星の最大光度が推定できると、それと観測される見かけの光度との比較から、超新星までの距離を推定することができる。なぜなら、見かけの明るさは光源からの距離の二乗に反比例して弱くなるので、直接測定できる見かけの光度と間接的に知ることのできる真の明るさとから超新星までの距離がわかるのである。距離がわかれば、光は一秒間に三〇万キロメートル進むので、いつ超新星爆発が起こったか、推定することができる。

一方、遠方の超新星からの光が届くまでに宇宙がどれくらい膨張したかは、超新星から放出される光の波長ごとの強さ（これをスペクトルという）を分析すれば判定することができる。遠方で放出された光は、観測者に届くまでの間に宇宙が無視できないほど膨張してしまうため、観測者に届いた頃には波長が引き伸ばされてしまっているからである（図3－6）。あるいは、ハッブルの法則により、遠方の天体はわれわれからの距離に比例した速さで遠ざかっているため、ドップラー効果によって観測される波長は長くなるのだ、と考えても同じことである。

しかし、超新星からの光は、他の天体からの光と同様さまざまな波長の光が混ざり合っているので、ただ漫然と観測して波長を分析したのでは、それがどれくらいの距離から届いてどれくらいの宇宙膨張を経験してきたか、知るよしもない。ここで重要になってくるのが、またしてもミクロの世界の物理、原子物理である。

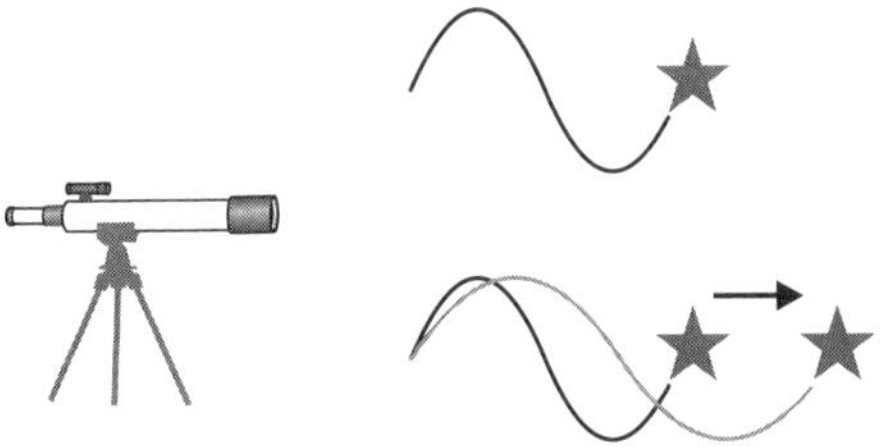

図3－6　光のドップラー効果　静止している天体からの光は放出時の波長がそのまま観測されるが、遠ざかりつつある天体からの光は引き伸ばされた波長で観測される。

原子を使って宇宙を見る

既に述べたように、原子の中には正電荷を持った陽子、電荷を持たない中性子、負電荷を持った電子が含まれる。これらが原子の中でどのように分布しているか、つまり原子がどのような構造をしているか、というのは、二〇世紀初めの物理学の大問題であった。電子を発見したJ・J・トムソンは、一様に正電荷を帯びた球の中に負電荷を持った電子がパラパラと分布している、と考えた。これはちょうどパンの中に干しぶどうがパラパラと分布しているぶどうパンによく似ているので、わが国ではぶどうパン模型と呼ばれている。

一方、東京帝国大学教授を定年退職した後に、大阪帝国大学の初代総長となった長岡半太郎博士は、正電荷を帯びた原子核の周りに電子がくるくる回っている、という土星型原子模型を、トムソンがぶどうパン模型を提唱したのと同じ一九〇三年に、提唱した。原子核が土星、電子が土星の環のような構造を持っている、というのである。この模型はのちにラザフォード散乱の実験によって発見された原子核の存在を見抜いていた、という点で画期的なものであった。しかし、電子がニュートン力学に基づいて回転運動し、それにマックスウェルの電磁気学を適用すると、電子からは電磁波（電子の軌道半径をいくらに取るかにもよるが、波長としては赤外線、可視光線、紫外線などが含まれる）がどんどん放出され、あっという間にエネルギーを失って原子核に落ちてしまう、という難点があった。周りの学者からそのことを指摘され、そもそもこうしたミクロな世界を相手にした研究は、実験的検証などできはしないのだから、実証科学としての意味をなさない、と批判された長岡は、原子物理の研究を止めてしまった。そして、そのことをずっと後になって悔やんだという。

人智は無限であると信じたいところであるが、その反面人間は愚かな生き物であるというのもまた事実である。世の研究者の中には、評論家然として周りの研究者の行っていることを批判ばかりする人がいるものである。確かに難点を見つけてあげつらうと、批判者はいかにも賢そうに見える。しかし、批判それ自体は何も生み出さない。批判が意味を持つのは、それを克服しようという強い意志とぶつかったときだけである。そして、えてして時代は、批判者が予想するよりもずっと速く巡っていくのである。本書を手にした若い読者諸賢が、どうかこうした批判にめげず、大胆に新しい考えを育むことを願ってやまない。

実際のところ、原子というミクロな世界のことが実験物理学の俎上《そじょう》に載るまでには、長岡模型の提唱からそう長い歳月を要したわけではなかった。

ウランからアルファ線、ベータ線という放射線が放出されることを発見したことで有名な、ニュージーランド生まれの物理学者、ラザフォードの研究チームは、金箔にアルファ線を当てる実験を行った。アルファ線というのは、ヘリウムの原子核であるアルファ粒子すなわち電子電荷の大きさの二倍の正電荷を持つ粒子のビームである。ラザフォードの実験の結果わかったことは、ほとんどのアルファ粒子は、金箔をそのまま透過してしまうが、ごく一部のアルファ粒子は角度を大きく曲げられて散乱されるということである。肉眼では一様に見える金箔だが、その中をアルファ粒子の大きさのようなミクロな視点で拡大して見ると、その中のほとんどの領域にはスカスカの空間が広がっているだけで、金の原子は原子核として空間のごく一部に集中して、ところどころに局在している、ということが明らかになった。つまり、実際の原子の状態はトムソンのぶどうパン型モデルというよりは長岡モデルに近く、しかし土星型というよりは太陽系型といった方がより適切だということがわかったのである。これがラザフォードの原子模型である。しかし、依然として回転する電子からの電磁波放出の問題は解決しなければならない。そこで登場したのが、物質粒子には波の性質も兼ね備えられている、という量子論の考え方である。

量子論、というのはミクロな世界を表す微小な物理量には最小単位があり、その整数倍の状態しか実現しない、という主張である。すなわち、エネルギーなど全ての物理量は連続的に値を取れるのではなく、飛び飛びの値しか取れない、というのである。それに対し、物理量が連続的な値を取れると見なし、わたしたちの日常生活の常識が通用するような状態を扱う理論を、古典論という。

古典論と量子論の違いは、たとえて言えば、時間を計るのにアナログ時計を使うか、デジタル時計を使うか、というようなものである。今日ではアナログ時計といえども、長針と短針はともかく、秒針は一秒ごとにカチカチと運針するクォーツ時計が圧倒的多数だが、このカチカチ音が眠れぬ夜には耳障りで不愉快に感じる人も多いだろう。そんな人には秒針も音もなくスムーズに動いていく連続運針の高級目覚まし時計がおすすめだ。そのような時計では時間は常に連続的に流れていることが読み取れるので、ある瞬間の時計の写真を撮れば一秒よりももっと細かい単位で時間を読み取ることが可能である。しかし、デジタル時計ではそうはいかない。いつ写真を撮っても、最小目盛りは00から59のいずれかの数値を示しているだけであり、一秒より細かい時刻を読み取ることは絶対にできない。つまり、デジタル時計の世界には一秒より細かな時間というのは存在しないのである。このように物事の最小単位がハッキリ決まっていて、物理量がそれを単位とした飛び飛びの値しか取れない世界が量子論の世界である。

「デジタル時計では確かに一秒までしか計れないが、ストップウォッチを使えば一〇〇分の一秒の時間だって容易に計れるではないか。だから、量子論なんてしょせんは近似に過ぎないのではないか？」と思うかもしれない。そのあたりがこのたとえ話の限界である。

しかし、よく考えてみると、連続運針のアナログ時計だって、いくらでも細かく時間を計れるわけではないことがわかる。秒針の太さよりも細かい目盛りの時間を計ることはできないのである。こうして、見かけ上は連続なものも、ズームアップしてどんどん細かく見ていくとどこかでこれ以上分解できないスケールにぶつかるのである。それが古典論の限界であり、量子論のはじまりである。だから、量子論というのは決して本来連続のものに何らかの近似を行うことによって飛び飛びにしたのではなく、もともと飛び飛びのものしかないのだ、ということにご注意いただきたい。

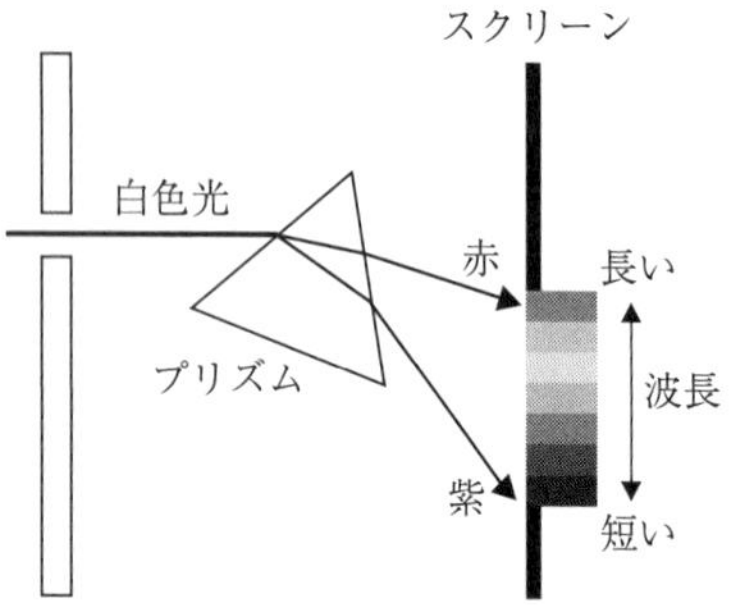

図３－７　プリズムによる光の分解

光を分解する

光にはさまざまな色がある。青い空。白い雲。南海に浮かんだ絶海の孤島や西部劇の舞台となった大平原に沈む夕日。夕焼けが美しいのは日没の少し後、雲に斜めに当たった光が反射してちょうどわたしたちに届くときである。地球が丸いことを実感するのは、そんなときである。しかし、真昼の太陽から容赦なく照りつけるギラギラした白色光も、実はさまざまな色の光の寄せ集めなのである。このことをはじめて発見したのは、ニュートンである。彼は三角柱のガラスでできた三角プリズムを使うことによって白色光を虹色に分解した（図３－７）。さらに分解した多色光をもう一度プリズムに入射させて一つに重ね合わせると白色光に戻ることを見出した。これによって白色光は赤橙黄緑青藍紫などの色の光を含んでいること、そして色によって屈折率が違うことを示したのである。

ニュートンははじめ光を赤橙黄緑青紫の六色に分解して捉えた。しかし、ドレミファソラシの音階にならって、藍色を追加して七色にすることにしたとのことである。七は古今東西縁起のよい数だが、六はキリスト教にとっては悪魔を表す666を連想させる不吉な数である。しかしニュートンは光を粒子の流れだと考えた。そのため光が塀の向こうにも漏れて伝わる回折現象や二つの光を重ねると強めあったり弱めあったりしてまだら模様のできる干渉現象を説明することができなかった。ニュートンの粒子説が出るとすぐに、ライバルだったロバート・フックは光の波動説を提唱した。そして光の回折現象や干渉現象は、波動説に基づいて光の伝播を「ホイヘンスの原理」として体系化したホイヘンスによってみごとに説明されたのである。こうして光は粒子ではなく、波であることが確立した。その後二〇世紀になって量子論に基づいて光の粒子性が復活したのは、歴史の皮肉と言うべきだろうか。

光の色の違いは波長の違いである。また、光の速度は波長によらずに一定なので、色の違いは一秒間に通過する波の数を表す周波数の違いを表すともいえる。波長と周波数は互いに反比例する（図3－8）。

$$\lambda = \frac{c}{\nu}$$

図3－8　光の波長λと周波数νの関係　cは光の速さ。

そしてニュートンがプリズムを使って行ったように、白色光のようにいろいろな色の混ざった光を各色に分解することを分光という。また分光されて各色に分解された光の集まりをスペクトルという。したがって、分光のことをスペクトル分解ということもある。

二〇世紀になるとさまざまな元素の原子の分光学による研究が行われ

図3－9　鉄の輝線スペクトル　左側が紫、右側が赤。

るようになった。各元素の原子は、元素ごとに特有の波長の光を放出したり、吸収したりすることが知られている。たとえば低圧ナトリウム灯は、発光効率が高いことから古い国道のトンネルなどの照明に使われているが、ナトリウムが黄色の光を出す性質を持っていることから、トンネルの中には黄橙色の世界が広がっているのである。また、化学実験で銅やリチウム、カルシウムなど、さまざまな元素を棒の先につけてガスバーナーにかざすと、銅は青緑、リチウムは紅色、カルシウムは橙色、というように、それぞれ違った色が炎色反応として見えたことをご記憶の人も多いだろう。

　各元素はこれらの固有の色の光を含め、それぞれ複数の特定の波長の光を選択的に放出したり、吸収したりするのである。放出する光の波長を並べたものを輝線スペクトル（図3－9）、吸収する光の波長を集めて黒線で表したものを吸収線スペクトルという。これらはいずれも天文学でたいへん重要な役割を果たしている。これが超新星の分類にも使われることは43ページで述べたとおりである。

　スイスの理論物理学者リッツは、あらゆる元素に対し、原子から放出される光のさまざまな輝線の周波数を整理した結果、各元素について、ある周波数の輝線と別の周波数の輝線が観測されたとすると、二つの周波数の和に対応する周波数と差に対応する周波数のところにも、必ず輝線が見られる、という法則を発見した。このことは、原子の内部のエネルギーは特定の値を飛び飛びにしか取れず、そのエネルギーの差に対応する周波数の光しか出ない、ということを示唆している。この飛び飛びのエネルギーの値を持った安定な状態のことを、エネルギー準位という。

ボーアの量子論

デンマークの理論物理学者ニールス・ボーアは、ある運動量を持った電子は、その逆数に比例する波長の波としての性質を持つと考え、電子が存在できるのは、軌道の円周の長さがその波長の整数倍となるような半径を持った軌道上だけである、と考えた。円周の長さが波長の整数倍になると、円周を一周回って帰ってきたとき、波は継ぎ目の見えないきれいな状態で出発点と繋がることができる。すると、どんなに波が動いても全体の形は変わらないので、そのような状態を定在波という。ボーアはそのような定在波をとる軌道だけが安定に存在するのだ、と考えたのである。したがって、軌道の半径は連続的な値でなく、飛び飛びの値しかとれないことになる。

ボーアのこの考えは、背景となる理論があって思いついたものではなく、全くの仮説として提案されたものであったが、このように考えると、電子が電磁波を出してその軌道半径が少しずつ連続的に減少しながら潰れてしまう、という長岡やラザフォードの原子模型の欠点が克服できると共に、リッツの法則もみごとに説明されるのである。物理学に革命が起こるときには、このように全く自由な発想の下で、一見、空理空論と思われるような議論を展開していき、実験事実や観測事実と比較していくうちに、徐々に新しい理論が全貌を現してくるものである。

こうしてミクロな世界では、電子という物質は粒子と波の性質を兼備していて、そのため実現できる状態は連続的なのではなく、飛び飛びのものなのだ、という量子力学の根幹が徐々に明らかになってきたのである。

遠方の光を見る

天体からの光の話に戻ろう。どんなに大きな天体からの光であれ、またどんなところを通ってくる光であれ、光と物質の相互作用は量子論の支配を受ける。超新星爆発の起こった銀河内の水素ガスの中を光が通るとき、水素原子の中の電子が特定の波長の光を吸収して、より高いエネルギー準位に遷移するため、結果としてその波長の光の強さだけが減少してしまうのである。その結果、天体からの光のスペクトルを見ると、いくつかのエネルギー準位の差に相当する複数の波長のところだけ吸収されてしまって光が届かないのである。吸収された光のエネルギーは原子の中の電子のエネルギー準位を上げるために使われるのである。吸収されて見えなくなった光をスペクトルの吸収線という。逆に高いエネルギー準位にある電子が低い準位に移るとき、その差に

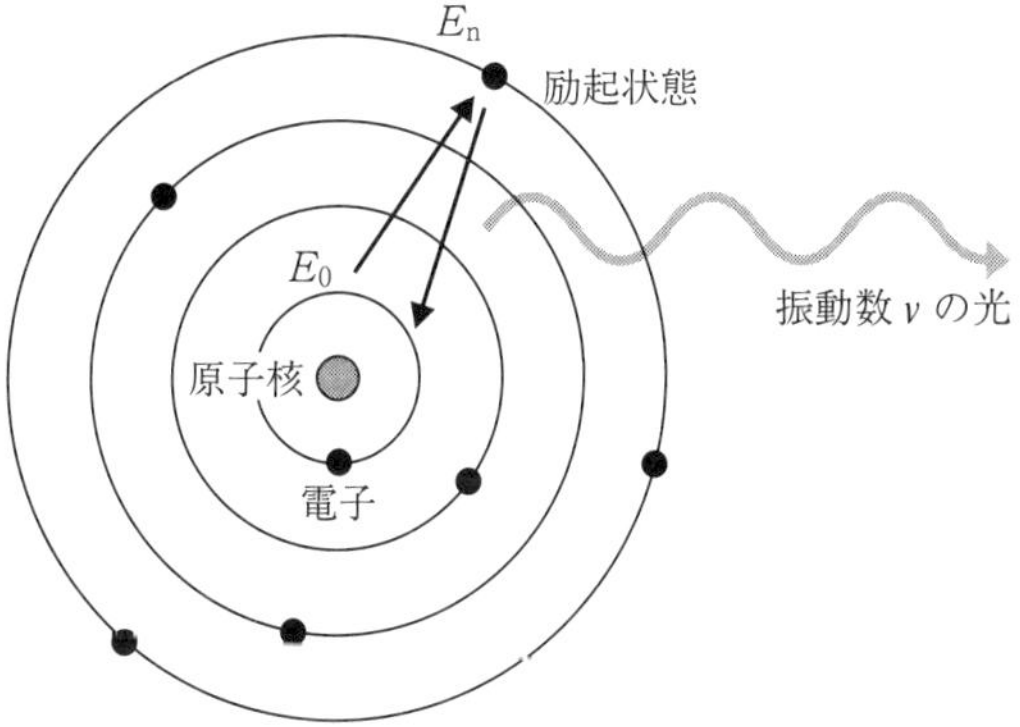

図3－10　原子の中の電子のエネルギー準位　エネルギー準位間の電子の遷移により輝線・吸収線が生じる。

対応した波長の光を出す。これがスペクトルの輝線である（図3－10）。

以上の説明から明らかなように、観測された輝線・吸収線のスペクトルの全体が、地上の元素に対して測定した輝線・吸収線スペクトルと比べて、どれくらいずれているかを測れば、光が放出されてから宇宙がどれくらい膨張したかを求めることができるのである（図3－11）。宇宙膨張によって光の波長が伸ばされるということは、可視光でいうと、より波長の長い、赤い方にずれるということなので、これを赤方偏移という。

こうして、宇宙の膨張史をさぐるための道具立てがととのった。あとはひたすら観測するのみである。しかし、実はここからがたいへんなのである。

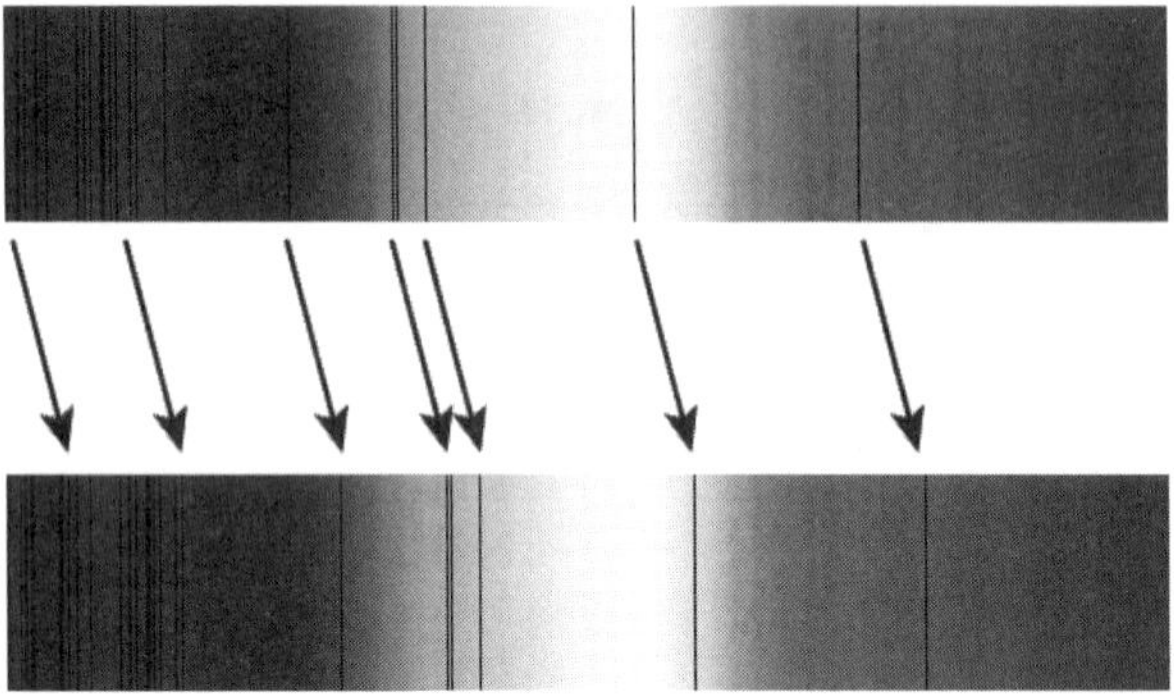

図3－11　吸収線の赤方偏移　各吸収線の波長が同じ割合でずれている。（Harold T. Stokes提供の図を改変）

超新星爆発が起こる頻度は銀河一個につき一〇〇年に二、三回程度である。わたしたちの暮らす天の川銀河で起こった超新星爆発のうち一番最近のものとして確認されていたのは、約三五〇年前に起こったカシオペア座Aであった。しかし、本来の頻度からするともっと最近のものの残骸が見つかっても良いはずである。一九八五年に射手座の方向に見つかったG1.9+0.3という超新星残骸は、見つかった当初は四〇〇～一〇〇〇年前に起こった超新星爆発の残骸であると考えられた。しかし、二〇〇八年にチャンドラ衛星が再度観測したところ、残骸の広がりが予想以上に大きくなっていたため、その膨張率から逆算したところ、一四〇年前に起こったものであることがわかった。これが今のところの最短記録である。もっとも、超新星が銀河中心の向こう側で起こったり、濃いガス雲に遮られたりすると、見えない場合もあるので、実際にはもっと若いものもあると考えられている。ともかく、残骸の広がり方から年齢を推定する、というのは、宇宙膨張の速さから宇宙年齢を推定するのと似ていておもしろいことである。

残骸から年齢を推定するのではなく、爆発現象そのものを直接観測する、という意味で、最近最も身近なところで起こった超新星爆発が観測されたのは、天の川銀河の隣の銀河である大マゼラン星雲の中で起こった超新星１９８７Ａである。これは、一九八七年に観測された一つ目の超新星という意味で、末尾にＡという文字がついている。二つ目に発見された超新星は１９８７Ｂ、三つ目はＣと呼ばれ、以後ＤＥＦＧと進み、Ｚの次はaa,ab,…,az,ba,…と続くことになっている。これが観測されたのは一九八七年二月二三日のことで、その年最初の超新星としては随分遅い日付であった。わたしはそのとき修士課程の二年で、修士論文の審査も終わり、この先宇宙論のどのようなテーマの研究をしようか、と逡巡していた頃のことであった。この超新星から飛来したニュートリノを、神岡核子崩壊実験のカミオカンデ検出器がみごとにキャッチした。カミオカンデというのはKamioka Nucleon Decay Experimentの略で、地名に実験名の頭文字を三つ繋げてKAMIOKANDE《カミオカンデ》と読むのである。この実験を主導していた小柴昌俊教授の定年僅か一ヵ月前のことである。

このことは、太陽より遠くの宇宙からはるばるやってきた超新星ニュートリノをはじめて直接検出した、という意味を持っており、まさにニュートリノ天文学の幕開け、という画期的な意味を持っている。これによってのちに小柴教授にノーベル物理学賞が授与されたのは、よく知られているとおりである。

いま述べたように、わたしはこの現象を研究の現場でリアルタイムに経験した者としては、最も若い世代に属することになるが、このとき、国内外の多くの宇宙物理学研究者は、この超新星の研究にいっせいになだれ込んだので、「これで日本の宇宙論の研究はなくなってしまうのではないか?」などと心配になったのが今では懐かしく思い出される。しかし、超新星１９８７Ａは II 型超新星といわれる、宇宙の膨張史を探るのに使われるのとは別のタイプの超新星であった。

宇宙の加速膨張の発見

超新星の頻度と持続時間を考えると、一度に五〇〇〇個くらいの銀河を観測できるような態勢を敷かないと、これを使って宇宙の膨張史を研究するなどということは不可能である。このような研究に果敢に取り組んだのが、アメリカ　ローレンス・バークレー研究所のソール・パールムッターらのグループと、オーストラリア国立天文台のブライアン・シュミットらのグループであった。ハーバード大学で物理学を専攻したパールムッターは、「超新星宇宙論プロジェクト」という総勢五一名のチームを率いて大がかりな観測態勢を組んでこれに取り組んだ。一方シュミットは、生粋の天文学者であり、「高赤方偏移超新星チーム」という総勢二一名のグループの代表として超新星の発見に取り組んだ。シュミットももとはパールムッターと一緒にこの研究をしようとしていたのだが、大型プロジェクトとして推進する物理学者とアットホームにこぢんまりと研究を進める天文学者とでは肌合いが合わず、別のプロジェクトとして独立に観測を遂行することになったとのことである。だからといってこの二人、別に仲が悪いというわけではないので、特にノーベル賞を受賞してからこの二人の関係をおもしろおかしく書くマスコミには注意しなければならない。

しかし、この二つのチームの研究のやり方が、傍で見ていてもわかるほど、明らかにスタイルが違っているのはおもしろいことである。

パールムッターのチームは大プロジェクト志向で、物量作戦で一度に多数の銀河を観測し、これまでにない規模で系統的に超新星サーチを行ったのである。その結果、それまでは世界中でも一年に三〇個程度、しかもそのほとんどは宇宙膨張の測定には役に立たない近傍の超新星しか見つからなかったところを、まずは七個もの遠方のIa型超新星を発見し、一九九七年に第一論文を報告した。しかしその時はまだ十分精度のよい観測解釈ができなかったため、当時は、スローダウン型の宇宙膨張を予言する、通常の物質のみで満たされた宇宙モデルと矛盾がないことを結論づけていた。

一方、シュミットの方は、超新星発見のペースこそ遅かったものの、各超新星をさまざまな色のフィルターを使って多波長で観測し、波長ごとの光度の時間変化を求め、それらを総合的に解釈する理論モデルを用いていた。それによって、一つ一つの超新星の絶対等級をパールムッターの方法よりもかなりよい精度で決定することができていた。その結果、少ない超新星でも負けない精度で宇宙論モデルを決定することができたのである。

世間的には、より多くの超新星を見つけたパールムッターのチームの方が華々しく見えたが、わたしは二つのチームの観測解析法を詳しく調べたことがあり、超新星の明るさの時間変化から絶対等級を推定する方法としては、シュミットのグループの方が、はるかに精緻に組み上げられているのに感心したものである。

まず、シュミットの高赤方偏移超新星チームの論文は、一九九八年三月一三日に米国の『アストロフィジカルジャーナル』に投稿され、五月六日に一部改訂の上、同年九月に出版された。この論文では一九九五年から一九九七年までに発見した一〇個のIa型超新星のデータが用いられている。

一方、パールムッター率いる超新星宇宙論プロジェクトの論文はやや遅れて、一九九八年九月八日に同じく『アストロフィジカルジャーナル』に投稿され、同年一二月一七日に受理され、翌九九年六月に出版された。このジャーナルには多数の論文が出版されるので、受理されてから実際に印刷されるまで、半年かかるのも稀ではないのである。彼らが宇宙の膨張史をたどるのに使ったのは遠方で発見された四二個の超新星で、一九九二年の一個を除くと他は一九九四年から九七年までに見つかったものであった。

その結果はどうだったか。

まず、観測からわかることをもう一度整理しておこう。超新星爆発の起こった銀河から来る光のスペクトル線を観測し、その波長が現在地上で同じスペクトル線を測った場合とどれだけズレているかを調べることによって、超新星からの光が地球に届くまでに宇宙が何倍膨張したかがわかる。さらに、超新星の明るさの時間変化を詳しく調べることによって、超新星の絶対等級すなわち真の明るさが推定できる。先に述べたように、この推定法が二つのチームでは異なっているのであった。真の明るさがわかると、見かけの明るさが距離の二乗に反比例することを使って、超新星までの距離を決めることができる。距離がわかるということは、超新星爆発が起こってからの時間もわかるということなので、超新星爆発が起こってから現在までの宇宙の平均膨張速度が求められる。その値を、近くの銀河の観測などから決めた現在の宇宙の膨張速度と比較することによって、当時と現在とで宇宙膨張速度がどれくらい違うのか、言い換えると宇宙膨張の加速度がどれくらいであったか、ということがわかるのである。

二つのチームの観測によってわかったのは、驚くべきことに、宇宙は正の加速度を持ちながら、つまりスピードアップしながら膨張している、ということである。それがなぜ驚きかというと、万有引力を及ぼし合う普通の物質や放射で満たされた宇宙は、ビッグバンによって膨張を始めたのち、物質の万有引力に引っ張られてだんだん膨張速度を減速しながら、つまりスローダウンしながら膨張するはずだからである。宇宙膨張が加速するというのは、アインシュタインの一般相対性理論に通常の物質を入れただけでは出てこないのである。

観測結果のさまざまな解釈

万有引力を及ぼし合うような普通の物質のエネルギーは、宇宙が膨張すればその分必ず薄まり、密度は低くなっていく。逆に宇宙膨張を加速するためには、引力ではなく、反発力を及ぼすような新しいエネルギーが必要になる。この新しいエネルギーは、現在ではダークエネルギーと呼ばれているが、後で詳しく述べるように、負の圧力を持った、日常生活では想像もつかないような代物である。

「そんなヘンなものは考えたくない」

そう思った研究者も多かった。超新星の観測からわかったことは、直接的には、「遠方の銀河で起こった超新星爆発は、思ったより暗かった」ということである。「見かけの明るさが思ったより暗い、ということは、思ったより遠くにある、ということだ」というふうに解釈したから、宇宙は加速膨張している、という結論になったわけだが、「思ったより暗かったのは、遠くから光が飛んでくる間に、銀河間の宇宙塵《うちゅうじん》、つまり宇宙空間に漂っているほこりによって光が吸収されてしまい、全部届かなかったからだ」という可能性も捨てきれない。

　実際、宇宙塵による光の減衰、すなわち減光は、天文学の重要な研究テーマの一つであり、この超新星の研究においても当然きちんと考慮されている。宇宙塵による減光は光の波長によって度合いが異なる。波長の短い青い光は波長の長い赤い光よりも強く減光されるのである。したがって、途中に宇宙塵がたくさんあって強く減光されればされるほど、超新星はより赤く見えることになる。ところが、遠方で見つかった超新星にはそのような兆候は見られず、むしろ赤く見えるどころか、どちらかというとより青く見える傾向を持っているのである。このことは、はるか遠方から飛んできたにもかかわらず、これらの超新星の光は思ったほど減光されていなかった、ということを意味する。こうして、予想以上に減光された結果暗く見えるようになったのだ、という説は正しくないことがわかる。

　しかし、世の中にはもっと大胆なことを考える人もいた。光の一部が宇宙塵によって吸収された、などという生やさしいことではなく、光そのものが途中でなくなってしまったのだ、という説である。もちろん光が途中でパッと消えてしまうだけでは、エネルギー保存の法則に矛盾するので、ダメである。この説は、光の粒子としての性質を表す光子が途中でアキシオンと呼ばれる素粒子に化けてしまった、というのである。この説が正しければ、遠方にある超新星ほど余計暗く見えることになる。

　こうした新奇な物理学の新説にたのむのではなく、天文学上の問題としてこれを解決しようという試みも、もちろんあった。つまり、遠方の超新星とわたしたちの近傍の超新星とでは、もともと性質が違い、近傍の超新星をもとに作った絶対等級の推定公式は遠方の超新星には当てはまらない、という考えである。その原因として、超新星の周りの化学組成、つまり各元素の割合が近傍と遠方では異なるのではないか、ということが考えられる。ところが実際には、観測されている範囲では近傍の銀河と遠方の銀河の化学組成の違いよりも、近傍の銀河どうしの化学組成のバラツキの方が大きいのである。したがって、化学組成の違いが原因で遠方の超新星が近傍より暗いのだ、という説は成り立たない。観測的にも、さまざまな観点からの比較がなされているが、遠方の超新星と近傍の超新星の性質が異なる、という積極的な証拠はないといって良い。

　というわけで、やはり発見された超新星の思わぬ暗さは、遠方の超新星は予想以上に遠くにあった、と解釈せざるを得ない。つまり宇宙は加速膨張しているのである。

　宇宙を加速膨張させるためには、宇宙が膨張してもその密度が減らないような、ダークエネルギーと呼ばれる新たなエネルギーが宇宙の密度の大半を占めていなければならない。その正体は後で考えるとして、宇宙が膨張しても密度が変わらない、ということは逆にいうと、昔にさかのぼっても密度は増えない、ということを意味する。一方、わたしたちになじみのある物質のエネルギー密度は、体積に反比例するから、将来はどんどん小さくなる一方、過去にさかのぼるとどんどん大きくなるので、昔はダークエネルギーではなく、物質のエネルギーが宇宙を支配していたことになる。その頃の宇宙の膨張則は減速型であったはずである。つまりスローダウンしながら宇宙は膨張していたはずである。宇宙の加速膨張発見時に高赤方偏移超新星チームに属していて、シュミットの下でデータ解析を行っていたリースはそのことを調べるため、その時よりさらに遠方の超新星のデータまで取り入れ、宇宙の膨張速度が時間と共にどのように変化してきたかを解析した。その結果が図3－12である。

天文学の慣習に従って横軸を表しているのでちょっとわかりにくいが、右へ行くほど過去の時代を表す。つまり、この図では時間は左向きに進むのである。宇宙の大きさが現在の三分の二であったあたりを境に、その左側では膨張速度は左上がりになっていることが見て取れる。現在に近いところでは膨張速度が増加傾向にある、すなわち加速膨張している、ということである。一方、それより右側の昔では、膨張速度は左下がり、つまり減少傾向を持ち、減速しながら膨張していたことがわかる。その下につけたエネルギー密度の変化の図と比べると、昔の宇宙は、ダークエネルギーではなく元素やダークマターのような万有引力を及ぼす物質が大半を占めていたので、万有引力の支配する減速膨張、最近の宇宙はダークエネルギー優勢なので加速膨張、というように宇宙のエネルギー組成の変化に応じて宇宙膨張速度の変化も決まっている、という解釈で

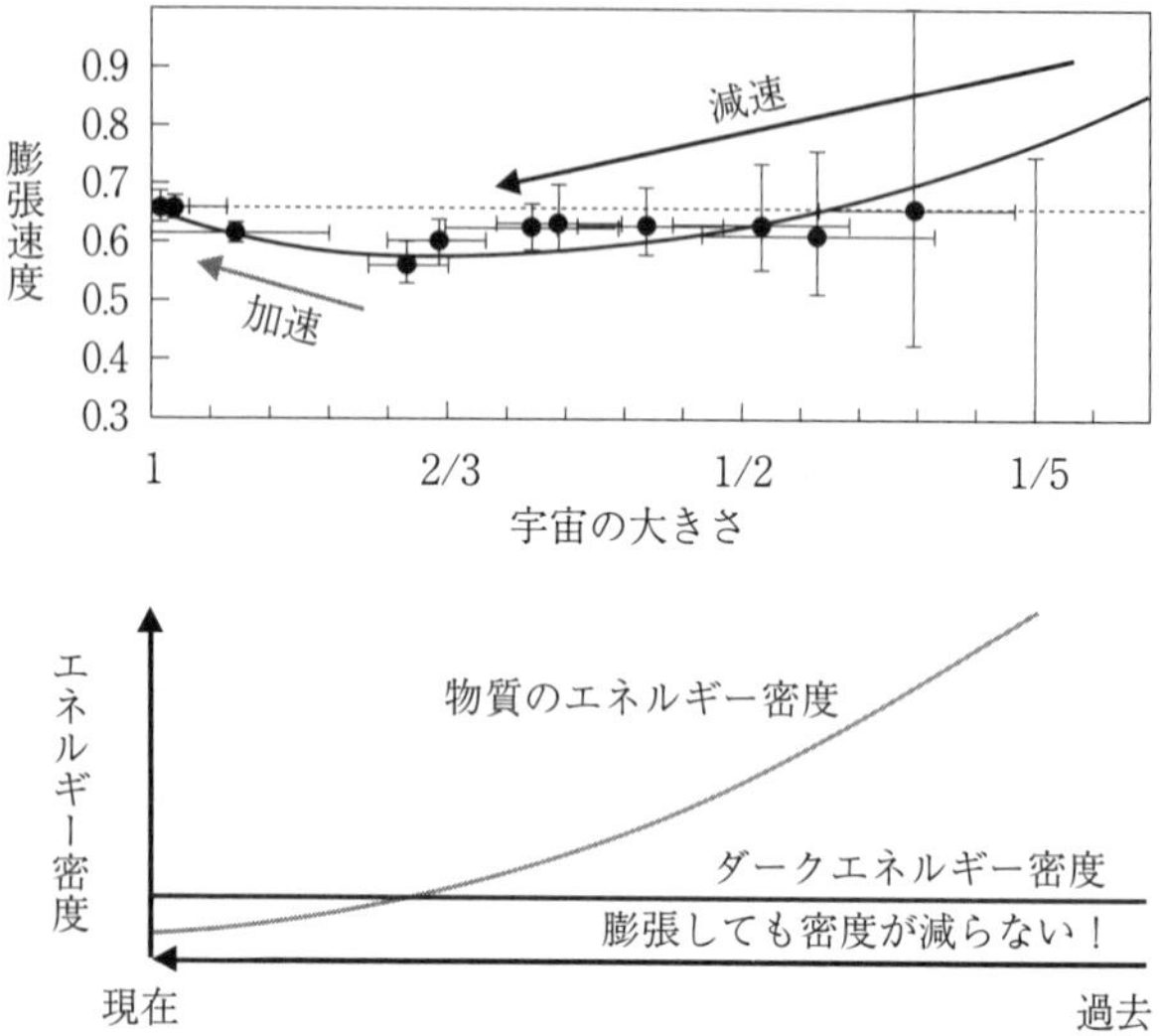

図3－12　宇宙の膨張速度とエネルギー密度の時間変化
図の右へ行くほど過去の時代を表す。宇宙の大きさが現在の2/3であったあたりを境にダークエネルギーが優勢となるため膨張速度が増加傾向になる。

うまく説明がつく。

一方、ダークエネルギーなど存在せず、遠方の超新星が暗く見えるのは、光が吸収されたり、他の粒子に転化してしまったからだ、という説では、このような宇宙膨張速度の変化は絶対に再現できない。より遠くに見える、より昔の超新星は、より暗く見えないといけないからである。したがって、このリースらの結果は、宇宙に未知のダークエネルギーがあるということを決定づける上で、大きな役割を果たしたといって良い。この研究結果が発表されたのは二〇〇七年のことである。

二〇一一年度のノーベル物理学賞は、宇宙の加速膨張をテーマに、ソール・パールムッター、ブライアン・シュミットと共に、アダム・リースにも与えられたが、リースに関しては、シュミットの下で解析を行った点以外に、この決定的な研究も評価されてのことである。

宇宙のエネルギー組成

現在の宇宙の物質・エネルギー組成でいうと、わたしたち自身の体や地球や夜空を輝く星ぼしを構成している元素の原子は、全体のわずか五パーセント足らずでしかない。そして、二七パーセントほどがダークマターであり、さらに残りの六八パーセントが新発見のダークエネルギーである。

元素が五パーセントに満たないというのは確定的であると考えてよいが、あとの二つ、すなわちダークマターとダークエネルギーの比率は観測の進展と共に多少の変動がある（図3－13）。

いま引用した数値はフランスとイギリスが中心となって打ち上げた宇宙背景放射探査衛星プランクの二〇一三年度の結果に基づくものであるが、それ以前に発表されていた米国の衛星ウィルキンソンマイクロ波非等方性検出器ＷＭＡＰ《ダブリューマップ》の得た結果は、年によって多少バラツキはあるが、元素四パーセント、ダークマター二二パーセント、そしてダークエネルギー七四パーセントとい

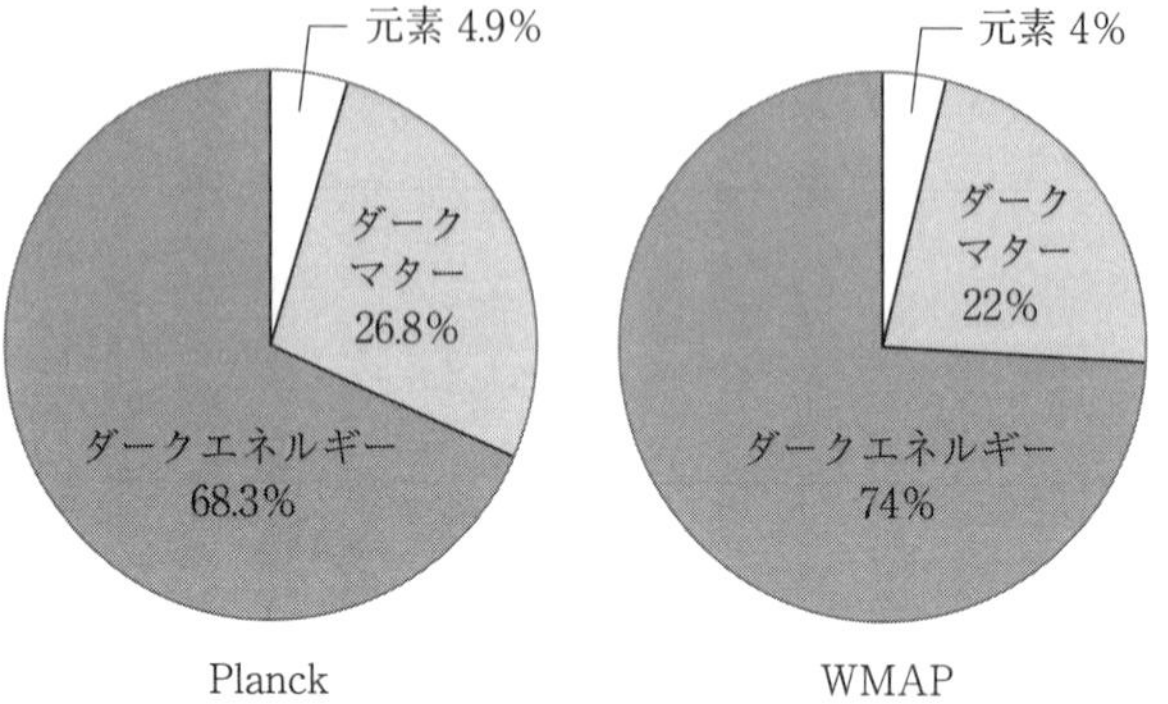

図3－13　宇宙の物質・エネルギー組成　左がプランク衛星の観測から得られた数値、右はWMAPの観測から得られた数値。

ったようなものであった。今後もこれらの細かい数値は少しずつ変わっていくことだろう。

しかし、宇宙膨張の観点から言うと、元素もダークマターも同じように万有引力を及ぼしあい、それらのエネルギー密度は体積に反比例して減るので、そのような物質のエネルギーが全体の三割、残りの七割がダークエネルギーである、と考えればじゅうぶんである。ダークエネルギーの密度が、宇宙膨張と共にどう変化してきて、今後どうなっていくか、ということは実はよくわかっていない。唯一わかっているのは、宇宙が膨張してもほとんど薄まらない、ということだけである。

したがって、可能性としては、「全く薄まらず、密度一定を永遠に保つ」、「物質のエネルギーよりははるかにゆるやかであるとはいえ、少しずつ薄まっていく」、「宇宙膨張と共に、時間と共に、実は少しずつ増えていく」という三通りがある。これ以外に、もっとドラスティックな可能性、すなわちダークエネルギーなどというものはそもそも存在せず、現在の宇宙が加速膨張しているのは、このような大きなスケールでは重力法則がアインシュタインの一般相対性理論とは異なっているからなのだ、という修正重力理論を採る立場もあり得る。

状態の持っているエネルギー

いずれにしても、宇宙が膨張して体積が大きくなっても、密度がほとんど変化しない、というのは、わたしたちが持っている普通の物質のエネルギーに対する常識では全く理解できないものである。これをどう考えたらよいか？

物質とか粒子の持っているエネルギーだと考えるとその密度は体積に反比例して減ってしまう。また、光のような波の持っているエネルギーだと考えると、膨張によって波が平らになっていくので、波の密度が体積に反比例して減るほかその作用も加わり、さらに速く減っていくことになる。膨張しても減らないエネルギー、というのはこうした物質や波が持っているエネルギーではなく、宇宙の置かれた状態そのものが持っているエネルギーと考えれば良いのである。

「宇宙の状態」などといきなり言われてもピンとこないので、図3－14のように少したとえ話を考えてみよう。

図3－14　状態の持っているエネルギー

切り立った崖の上にある大きな岩。見上げると今にも落ちてきそうで、怖くて下を通れない。しかも、悪いオオカミがこれを押して下に落とし、下にいるネコを殺そうとしている。土煙を立て、轟音と共に地面に落ちた巨岩。どうやら敏捷なネコはうまく逃げおおせることができたようで、ひと安心。さて、土煙がなくなった後、改めて岩を眺めてみる。大きな岩であることには変わりないが、もう怖くない。なぜ同じ岩なのに、高いところにあるときには怖くて、低いところに落ちた後はもう怖くないのだろうか？　その理由は岩の置かれた状態の違いにある。崖の縁に置かれた岩は、オオカミがそれをちょっと押して落としてやれば、轟音と共に下にあるものを破壊できるが、下まで落ちた後の岩はオオカミがいくら押してもすぐに止まってしまって何もできないことだろう。つまり、同じように止まっている岩でも、どの高さに置かれているかによって、持っているエネルギーが違うのである。これは、高いところに置かれた岩が、「高さ」という岩の「状態」で決まるエネルギー、すなわち中学校の理科で習った「位置エネルギー」を、低いところに置かれた岩より余計に持っているということである。崖の縁に置かれた岩をちょっと押して落としてやると、岩の持っていた位置エネルギーが運動エネルギーに変化し、さらにそれが轟音を立てて地面にぶつかるときには、轟音の音波のエネルギーや、地面とぶつかった際に生じる摩擦熱のエネルギーに転化し、前と同じように静止しているが高さだけ異なる状態に落ち着くのである。こうして、状態が持っているエネルギー、位置エネルギーというものが理解できる。

高いところにあろうと低いところにあろうと、同じ岩には変わりないので、崖の上にある岩をそこに登った人が眺めて見ても、「大きなエネルギーを持っている」とは感じない。位置エネルギーというのは、岩を下に落としてみてはじめて実感されるようなエネルギーだからである。つまり、上にいるときと下にいるときとで持っている位置エネルギーの差だけが意味を持つ量なのである。このように、状態が変化しないときには実感できないので、位置エネルギーのことをポテンシャルエネルギーともいう。ポテンシャル、というのは「可能性を持った」、とか「潜在的な」といった意味である。

宇宙全体を岩にたとえるのは、いささか気が引けるが、宇宙空間はどの点も本質的には同等なので、宇宙自体がこのポテンシャルエネルギーを持った状態を考えることができる。もし、宇宙が膨張しても同じ「状態」を保つことができれば、同じ性質を持った空間が増えるだけなので、これによってダークエネルギーを説明することができることになる。ポテンシャルエネルギー密度はどこも変わらず、全エネルギーという意味では体積に比例して大きくなっていくことになる。宇宙が単に膨張するだけで、宇宙の全エネルギーがどんどん大きくなっていく、というのは、まるで古来の科学者が夢見た永久機関が実現したかのように思われるかもしれないが、そうではない。次の節ではこのことを考えよう。

エネルギー保存則との関係

「宇宙の全エネルギーがどんどん大きくなるなんて、エネルギー保存則と全く相容れないではないか?」というのが当然の疑問として出てくる。実は、宇宙のポテンシャルエネルギーというのは、エネルギーと同時にそれと反対符号の圧力を持っているのである。今は当然正のポテンシャルエネルギーを考えているので、負の圧力を持っているのである。「負の圧力」というのは、「膨張しても減らないエネルギー」と同じくらい直観的なイメージがしにくいが、圧力が正か負かというのは、符号だけの問題なので、まずはわたしたちになじみのある、正の圧力を持った通常の場合を考え、あとで符号を逆転させてみることにしよう。

たとえば、風船を膨らませて閉じたとき、内部の空気圧は外部の空気圧よりもかなり高くなっている。内圧と外圧の差を風船のゴムの張力が釣り合わせているからである。この風船に針を刺して破裂させると、風船の中に入っていた空気は外に向かって、つまり圧力と同じ向きに膨張する。中学校の理科で習ったように、力学における「仕事」というのは、（力の大きさ）×（力の向きに動いた距離）、で与えられることを思い出してみよう。今の場合圧力の向きと空気の動く向きは一致しているので、膨張する空気は正の仕事をする。そしてエネルギー保存の法則によって、その分風船の中に入っていた空気のエネルギーは減少することになる。

同じように、ヘアースプレーをしばらく噴射させると、スプレー缶が冷たくなったように感じられるが、噴射によって内部のガスが外に向かって「仕事」をするので、その分内部のエネルギーが減少し、冷たくなるのである。

以上は正の圧力を持ち、膨張によって正の仕事をする場合である。負の圧力を持っている、ポテンシャルエネルギー正の状態が同じように膨張したら、今度は力の向きと動く向きが逆になるため、宇宙が膨張するとき「仕事」をするのではなく、されることになる。その結果、宇宙の持っているエネルギーの総量は増加することになるのである。したがって、エネルギー保存則とは何の矛盾も起こっていないのである。

では、このポテンシャルエネルギーの正体は何だろうか？

第四章

ダークエネルギーの正体

場の理論と真空

一九七八年にはじめて米国に行ったとき、ホームステイした家のリビングルームに鎮座する大型テレビはまだアメリカ製だったが、台所や個室にある二台目のテレビは日本製に占拠されていて、わたしは日本企業の活躍を頼もしく感じた。ほどなくして、米国にはテレビ受像器を生産する会社が一つもなくなってしまったと聞き、「いったいこの国は大丈夫なのだろうか？」と思ったものである。その後、ブラウン管テレビから、デジタル放送に向いた液晶テレビへの転換が進んだ結果、日本もかつての米国同様、テレビ生産国から転落しつつある今日この頃となってしまった。しかしこれは、わが国の技術が立ち後れてきたというよりは、マーケティング戦略を失敗し、消費者がほんとうに求めているものを適価で提供できなくなったからにほかならない。

実際、最近の４Ｋテレビの映像などを見ると、現実と見まがえんばかりの再現力で迫ってきて、テレビの中の世界に吸い込まれかねない気さえする。しかしもちろん、液晶テレビの映像は光の三原色の数百万個ほどのドット（点）によって構成されているものである。きれいに見える真円も、拡大してみると図４－１のようにギザギザした四角形の集まりであることがわかる。曲線を縦横の軸方向に分割し、その組み合わせで描いているからである。ぎざぎざの一辺の長さは、解像度を決めている液晶のドットの幅より小さくはなれないからである。現在の液晶テレビが現実と見まがうばかりにきれいに映るようになったのは、この幅が人間の目の解像度よりも細かくなったからである。

ビデオゲームに興じるうちに、画面の中の世界の人となってしまった経験を持つ人も多いのではないだろうか。もう、現実の世界も、ＩＴ技術によって描かれたヴァーチャルリアリティの世界も、若い読者には区別がつきにくくなっていることだろう。インターネット上のサイバースペースに自分自身の、そして生身の自分とは少し違った性格の、アバターを持っている人も少なくないのではあるまいか。

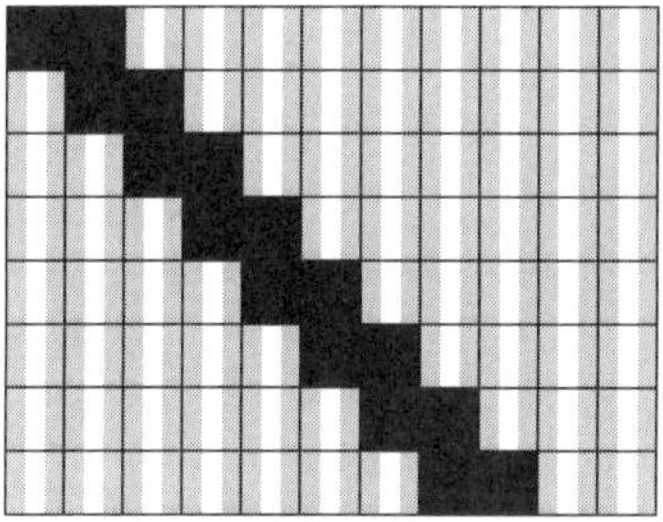

図４－１　液晶テレビの拡大図

だから、「じつは、現実の世界も液晶テレビの世界と同じであり、液晶のドットならぬ『場《ば》』というもので構成された、まぼろしに過ぎないのだ」といっても、それほど驚かないのではなかろうか。そう、液晶テレビに映し出される映像があまりにもきれいで現実的であると、それが色つきドットの集まりであることを忘れてしまうように、わたしたちのまわりの世界はあまりにもよくできているために、わたしたちは普段わたしたち自身をさえ構成している場というものの存在を認識できないのである。

テレビの画面が液晶のドットで満たされているのと同じよう

に、わたしたちの暮らす空間は、多数の場によって満たされている。電源の入っていない液晶テレビはただの漆黒の平板に過ぎないが、電源を入れたとたんに豊かな映像が展開する。ここで注意しなければいけないのは、液晶画面の各ドットは常にそれぞれ固有の場所で明滅しているに過ぎない、ということである。たとえば野球中継を見ていてテレビカメラが球筋を追うとき、あたかも画面の中をボールが動いていくように見えるが、実際には、ボールの動きに合わせて各ドットが順に点滅していくので、人間の目にはあたかも同一のボールが少しずつ動いているかのように見えているだけのことである。

現実の世界でもこれと同じことが起こっているのだ、というのが『場』の理論の主張である。物体の運動は、物体を表す素粒子の場の空間上の各点での状態が、物体の移動に沿って次々とエネルギーの高い状態になり、物体が通り過ぎた後はもとの低いエネルギーの状態に戻る、ということを繰り返すことによって実現する、と考えるのである。テレビで野球中継を見るとき、液晶ドットの一つ一つの点滅などには気付かず、その集まり全体によって表されるボールの飛跡しか見えないのと同じように、現実世界でも、各点各点での場の状態が直接見えるわけではなく、場の状態の集団的な変化である野球のボールという塊の動きだけが、わたしたちに知覚されるのである。各点各点での場の状態を調べるには、またしてもミクロな世界を記述する量子論を使わなければならない。

なんだか雲をつかむような話になってしまったが、日常生活でも場の存在を認識できる例が少しだけある。それが電磁場である。

子供の頃、砂場に磁石を持ち込んで砂鉄を取った経験は、誰にでもあるだろう。砂鉄をたくさん取ってきて、画用紙の上に置いた磁石の周りに薄く撒き、砂鉄が動けるようにトントンと画用紙を叩いていくと、いつの間にか磁石の周りにきれいな紋様が浮かび上がる（図4－2）。磁石の両端から放射状に砂鉄が広がっていくように見える。そしてうまくすると、図のように磁極どうしの間で両極から出た砂鉄がつながり、渦を巻いたように見える。このことを少しむずかしくいうと、「磁石の周りの空間は、場の一種である磁場というものが値を持った状態になり、砂鉄の分布は各点での磁場の方向を表しているのだ」ということになる。

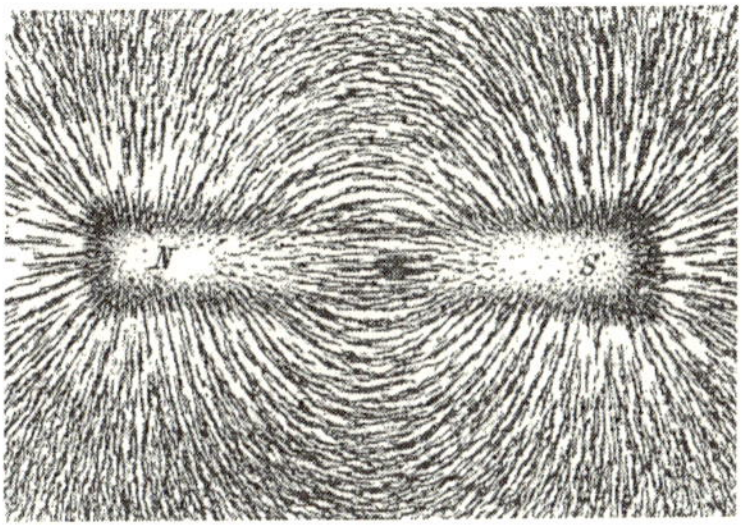

図4－2　磁石の周りにできる磁場

同じように、冬の関東平野のように乾燥したところで化繊のセーターを脱ぐと静電気が発生し、セーターに直接触らなくてもその近くに手のひらをかざしただけで、もやもやとした感じがするのは、電気を帯びたセーターの周りの空間では、今度は磁場ではなく、電気の場である電場が値を持った状態になるからである。

「磁場が値を持った状態」とか、「電場が値を持った状態」とかいうのはいかにもまだるっこしいので、磁石の周りには「磁場が生じている」、正負の電荷が距離をへだてて孤立すると「電場が生じた」、というように簡略化した言い方をするのが普通だが、テレビがついていないときでも液晶パネルは画面上に存在しているのと同じように、磁石や電荷がそこになくても、磁場とか電場とかはあらかじめ宇宙空間に用意されているものなのである。ふだんわたしたちがそれに気付かないのは、磁石や電荷が近くにあるときしか、人体に知覚できるような影響が見えてこないからである。

今日のような高度文明社会では、テレビやラジオの電波、そして携帯電話の電波、とさまざまな電波が飛び交っている。電波は、正しくは電磁波という。そして、各点での電場と磁場が波のように変化しながら、その動きを隣の点に伝えていくものが電磁波なのである。したがって、もし人体がこうした電磁波に感受性を持っていたとしたら、ピリピリして快適な生活を送ることなどできなかったことであろう。

実は、光も電磁波の一種である。テレビの電波との違いは、波長の違いだけである。光だけでなく、赤外線、紫外線、X線、ガンマ線と、いずれも異なる波長の電磁波なのである。目に見えるのは、赤外線と紫外線の間の波長約四〇〇〜八〇〇ナノメートル、すなわち〇・四〜〇・八ミクロンの可視光線だけである。目に見えなくても、これらはすべて実体として存在しているのである。電波、赤外線、可視光線、紫外線、X線、ガンマ線と書いた順番に波長が長い方から短くなっていく。それに反比例して、エネルギーは高くなっていく。医療機関のレントゲンから出るX線や放射性物質から出るガンマ線が人体に危険なのは、そのためである。

こうして、わたしたちの暮らす空間には、液晶テレビの液晶パネルに数百万個の各色液晶ドットがあらかじめ仕組まれているのと同じように、多種多様な場があらかじめ用意されていることをご理解いただきたい。さらに、わたしたちの体自体も、場の理論の観点からいうと、わたしたちが今いるこの場所で、わたしたちのもとになっている素粒子の場がエネルギーを持った状態になっていることによって存在しているのである。しかしもちろん、ふだんはそんな根源的なところまで、さかのぼって考える必要はない。

さて、磁石の周りの砂鉄が磁極の周りを放射状に囲むように、磁場には向きがあることが直観的に理解できる。電場も同様である。これらは向きと大きさを持った量、すなわちベクトル量として表される。一方、場の中には、スカラー場と呼ばれる、大きさだけを持ったものも存在している。二〇一三年度にノーベル物理学賞を受賞したヒッグスの名を冠したヒッグス場がその最も有名な例である。

ベクトル場とスカラー場を日常生活でのたとえ話で表すと、ベクトル場は風のようなもの、スカラー場は温度のようなもの、ということができる。わたしたちの身の回りの空間は、目には見えないけれども、すべて空気で満たされている。そして空気は常に動いているから、各点各点での風速と風向きを測定することができる。だからそこには風というベクトル場があるのだ、といってよい。そして、各点各点での空気の温度を測定することができる。温度は値だけを持った量なのでスカラー量であり、したがってスカラー場だと見なすことができる。このように空気のあるところなら至るところに風というベクトル場と温度というスカラー場があるのである。たまたま風が吹いていないところでは、風ベクトル場の値がゼロだったのだ、と考えればよい。

電場や磁場というベクトル場、ヒッグス場のようなスカラー場が風や温度と本質的に違うのは、これらは空気がなくても、空間のあるところなら至るところに存在している、ということである。「真空」というと、わたしたちはなにひとつ存在しない、カラッポの空間をイメージするが、そうではない。真空、というのは場の状態の一つに過ぎないのである。液晶テレビの電源を切っても液晶パネル自体は存在し続けるのと同じように、真空状態でも場自体は存在し続けているのである。

このように真空中でも存在する場というものを量子論的に考えると、ゼロ点振動という厄介なものが出てきてしまう。これが次の課題になる。

ダークエネルギーと場の理論

先に、宇宙を加速膨張させるためには、物質の持っているエネルギーではダメで、宇宙が膨張しても密度がほとんど減らないような、位置エネルギーのようなものが必要である、ということを述べた。しかもそのエネルギーは宇宙を一様に満たしているものでなければならない。これを与えてくれる可能性があるのが、スカラー場の位置エネルギー、正確に言うとポテンシャルエネルギー密度である。

一番簡単で手っ取り早いのが、真空自体が一様にエネルギーを持っているモデルである。これは実はアインシュタインが導入した宇宙項があるのと同じ状態である。宇宙はアインシュタインの期待とは裏腹に、加速膨張をしているので、宇宙項の説明のところで、「銀河の平均密度が小さいと、銀河の引力が宇宙項の持つ反発力に勝てないので、宇宙がどんどん膨張してしまう状態になってしまう」と述べたが、まさにそのことが現在の宇宙で起こっているのである。アインシュタインの宇宙項は、宇宙が持っている固有の性質として導入されたものなので、宇宙がどんなに膨張しても、時間が経っても変化することはない。変化しない一定のエネルギー密度と同じもののなので、全エネルギー密度の高かった過去の宇宙ではその影響は全く見られなかったが、宇宙がインフレーション（第五章参照）やビッグバン以来一〇〇億年以上膨張を続け、放射や物質のエネルギー密度がどんどん薄まって小さくなった今日、宇宙項の影響が顕著になり、加速膨張が起こるようになったのである。この宇宙項説が正しければ、これからますます星や銀河やわたしたち自身やダークマターなどの物質のエネルギーはどんどん薄まっていくので、いずれは宇宙項のみが宇宙を満たす寂しい状態になっていくことになる。

ダークエネルギーの起源のもう一つの候補として、宇宙項とほとんど区別がつかないのがスカラー場のポテンシャルエネルギー密度である。スカラー場の代表的な例がヒッグス場であることは先に述べたが、先年スイスにある欧州原子核研究機構（ＣＥＲＮ）の大型ハドロン衝突型加速器（ＬＨＣ）で発見されたのは、ヒッグス場が励起されてできたヒッグス粒子である。ヒッグス場は「万物の質量の起源を与える神の粒子」などと呼ばれたりもしているようだが、現在の宇宙はゼロでない値をとったヒッグス場で至るところ一様に満たされた状態にある。このヒッグス場の存在を、水飴の海のように重く感じる素粒子もあれば、サラサラとした油のようにしか感じない粒子もある。中にはヒッグス場が値を持っていようといまいと、全く影響を受けない素粒子もある。物体の質量というのはある同じ強さの力をかけたときにどれくらい動きにくいか、という度合いを表すものなので、ヒッグス場を水飴のように感じる素粒子は大きな質量を持ち、油のように感じる素粒子は小さな質量を持つことになる。そして、光子のようにヒッグス場がどんな値を持っていてもそれには関係なく自由に動き回れる粒子は、質量ゼロのままである。

そして、ヒッグス場にゼロでない値を持たせる仕組みを与えてくれるのがヒッグス場のポテンシャルエネルギー密度なのである。１１４ページでは、ポテンシャルエネルギーと同じ意味を持つ位置エネルギーの例として、崖の上と下にある岩石を例に取った。この場合、宇宙の状態に対応する岩石の位置は上と下の二通りしかないことになる。上にいたときの位置エネルギーを使うことによって、下に落ちたときに轟音と共に下にあるものが破壊されるのであった。ヒッグス場の値を決める崖の形は図４－３のようになっている。

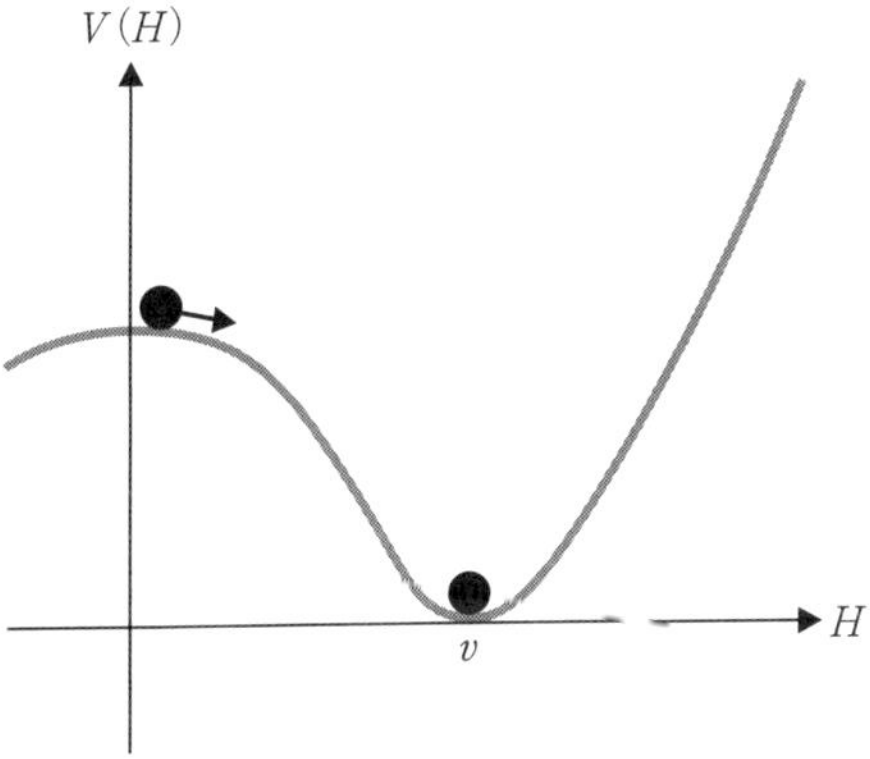

図４－３　ヒッグス場のポテンシャルエネルギー密度　$H=v$であるときポテンシャルエネルギー密度は最低の値を取る。

ヒッグス場の値がゼロになる$H=0$ではポテンシャルエネルギー密度の曲線が小高い丘になっているのに対し、$H=v$というゼロでない値を取るところにエネルギー密度の最小点がある。このような曲線を坂道に見立てて、そこにパチンコ玉を落とすと、最小点に向かって転がっていくであろう。水は低きに流れる、というがそれとおなじように、ポテンシャルエネルギー密度もなるべく低い値を取る方が、エネルギー的には安定なのであり、可能な限りそのような状態になろうとするのである。

現在の宇宙のように、温度の非常に低い状態にあるときには、宇宙全体で $H=v$ というエネルギー最低の状態が実現し、各素粒子はヒッグス場への感応度に応じた値の質量を持っている。この図では、ヒッグス場がこの v という値を取ったときのポテンシャルエネルギー密度の値を、ゼロに取っている。したがって、このモデルでは、ヒッグス場の持つポテンシャルエネルギー密度は宇宙の加速膨張のもとにはなっていない、ということになる。

現代の素粒子物理学には、さまざまなスカラー場が登場し、それぞれ固有のポテンシャルエネルギー密度の曲線を持っている。その中には現在のダークエネルギー密度をちょうどうまく説明できるようなものもあるかもしれない。しかし問題は、その大きさが素粒子物理の与える典型的なエネルギー密度と比べると桁違いに小さいということで、例えばヒッグス場との比較でいうと、先ほどのポテンシャルの図の原点付近での丘の高さと比べると、ざっと五六桁も小さくなければならない。したがって、先ほど「この図ではゼロに取っているが」などと言ってみたものの、現実のダークエネルギーの大きさは、この図で言えば線の太さよりもはるかに小さいのはもちろんのこと、電子顕微鏡で見える長さよりもさらに四八桁も小さいのだから手に負えない。一立方センチメートルあたりの質量に換算すると 10^{-29} グラム程度ということである。

真空のエネルギー

これまで、わたしたち自身の体も含め、宇宙に存在する物質は、光などの質量のないものまで含めて、すべて液晶テレビの液晶パネルになぞらえられる場の理論の考え方によって記述できることを述べてきた。そして、テレビの電源を切ったからといって液晶パネルが消えてなくなってしまうわけではないのと同じように、いわゆる真空状態においても場というものは宇宙空間に存在し続けるのであった。

一方、第一章で述べたように、ミクロな世界の実体である電子や原子は古典力学でなく、量子力学にしたがって運動する。だから、電子や原子の運動も場の理論によって考えなければならないということになると、場の理論そのものの量子論が必要になってくる。実際現代物理学では、電子や光子などの素粒子の挙動はすべて場の量子論によって記述されている。ところが、場の理論に量子力学の基本原理である不確定性関係を当てはめると、困ったことになるのである。

先に述べたように、量子論の世界では、粒子がある点にピタリと静止した状態は取ることができない。位置と速度と両方を同時に指定することはできないからである。同じことを図4－3のようなポテンシャルを持つヒッグス場についても考えてみよう。ヒッグス場がポテンシャルの最小点 v にピタリと落ち着いていれば、エネルギーはゼロである。しかしこれは、値も速度（この場合は場の値の時間変化率に対応する）もゼロ、という状態になってしまい、量子論の教えと矛盾した状態である。現実には、平均としては確かに v という状態にあるものの、ミクロなスケールで見るとそこには細かなふらつきがあり、ヒッグス場の値も速度も常にフラフラと値を持った状態をとっているのである。このふらつきのことを量子ゆらぎという。先ほどのポテンシャルの図を見ればわかるように、エネルギーがゼロになっているのは、最小点 v だけだから、その周りでのふらつきがあると、そこには必ずゼロでないエネルギーがあることになる。したがって、場の量子論を考えると、宇宙空間はもはや真空といえども、電源を切ったあとの液晶テレビに見られる液晶パネルの漆黒の状態は取ることができないのである。

これはヒッグス場に限らず、電磁場などを含め、全ての場に対して成り立つことである。そして、このようにエネルギーゼロの状態と思っていたところにこうした量子力学特有のふらつきの効果を考慮することによって出てくるエネルギーのことを、ゼロ点振動のエネルギーという。このように、量子論を取り入れた宇宙の真空は決してカラッポの空間ではなく、量子論の不確定性に基づいたゆらぎのエネルギーで満たされているのである。

ヒッグス場にしても電場や磁場にしても、これらはすべてもともと位置と時間の関数なのだから、場所ごとにさまざまな値をランダムに取りながらゆらいでいるはずである。それを電磁波のように波の集まりとしてとらえると、いろいろな波長のゆらぎを足し合わせたものになっていることがわかる（図4－4）。その際どれくらい短い波長まで寄与していると考えるべきだろうか？　これは空間をどれくらいまで細かく捉えることができるか、ということと関係している。

その前に、ちょっと似ているが逆向きの問題として、顕微鏡で小さなものを観察しようとするとき、どれくらい小さなものまで分解してみることができるか？　ということを考えてみよう。わたしたちが理科実験で使う顕微鏡は光学顕微鏡、つまり可視光線を使って対象を拡大して観察する道具である。観察対象に当たって反射した光がレンズを通して拡大される装置である。したがって、どんなに立派なレンズを持った顕微鏡でも、可視光線の波長よりも小さなものを分解してみることはできない。つまり〇・一ミクロンより小さなものはぼやけてしまって見えないのである。

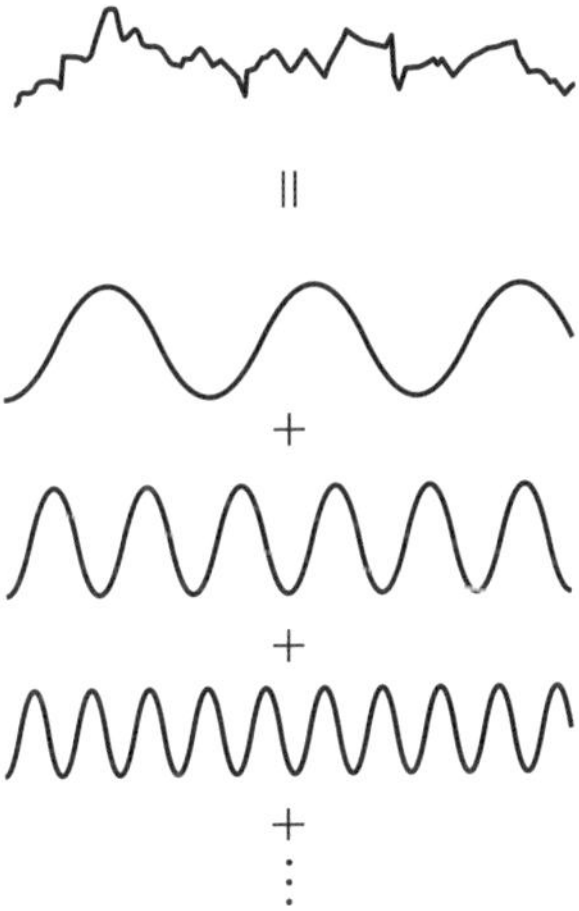

図4－4　ランダムなゆらぎはいろいろな波長のゆらぎを足し合わせたものになっている

量子ゆらぎのゼロ点振動の問題に戻ろう。空間座標を細かく分解していったとして、もしどんなに細かく見ても隣り合った点が勝手にゆらいでいるのだとしたら、無限に小さな波長のゆらぎまで足し上げてやらなければならない。１２５ページで電磁波は短波長になるほど大きなエネルギーを持つことを見たが、量子ゆらぎも同じである。無限に小さな波長のゆらぎまで考えなければならないということは、ゼロ点振動のエネルギーは無限に大きい、ということを意味するのである。

このことは実は、場の量子論の草創期から知られていた問題点の一つである。実際、場の量子論では何か物理量を計算しようとすると、すぐに無限大の発散が現れてしまう。これをうまく取り除き、物理的に意味のある有限な値を取り出す処方を与えたのが、朝永振一郎博士の繰り込み理論である。

この真空のエネルギー密度が無限大になってしまう、という困難に対して通常の場の量子論の与える処方箋は簡単である。そのような無限大の量は最初から取り除いてしまい、ないものとして残りの部分を考えればよい、というのである。読者の中には、「計算して無限大になったからといって、勝手にそれを取り除いてしまうなんて、物理学者というのはなんと身勝手なのだろう？ そんな理論は間違っていて、そもそも真空のエネルギーなんてないんじゃないだろうか？」と思う人も多いだろう。

しかし、真空がこのような形のゆらぎのエネルギー、ゼロ点振動のエネルギーを実際に持っていることは、以下のような考察と、それに基づいた実験によって証明されている。それがカシミール効果と呼ばれる現象である。同じ大きさの平らな金属板を二枚用意して、ごくわずかの隙間をあけて平行に並べる（図4－5）。金属板は隙間の長さと比べて十分大きいので、空間は金属板に囲まれた領域とその両側の領域に三分割されたかのように見えるとしよう。そして、こうした三つに分かれた空間のそれぞれで、場の量子論のゼロ点振動のエネルギーを計算してみよう。金属板の外側での計算はこれまでとほぼ同じである。しかし、二枚の金属板にはさまれた空間では、量子論の波は特定の波長、つまり金属板の隙間の長さの整数倍の波長しか取れない。そのためこの隙間に存在できる真空のエネルギー密度は、両側の半無限大の空間に存在できる真空のエネルギー密度よりも小さくなってしまうのである。したがって、金属板は外側から押され、金属板どうしには引力が働くことになる。このような力は、これを一九四八年に理論的に計算したオランダの物理学者カシミールの名前を取って、カシミール力と呼ばれている。しかしこの力はたいへん弱いので、これが実際に測定され、カシミールの計算、ひいては場の量子論において、真空がエネルギーを持つことが正しいと証

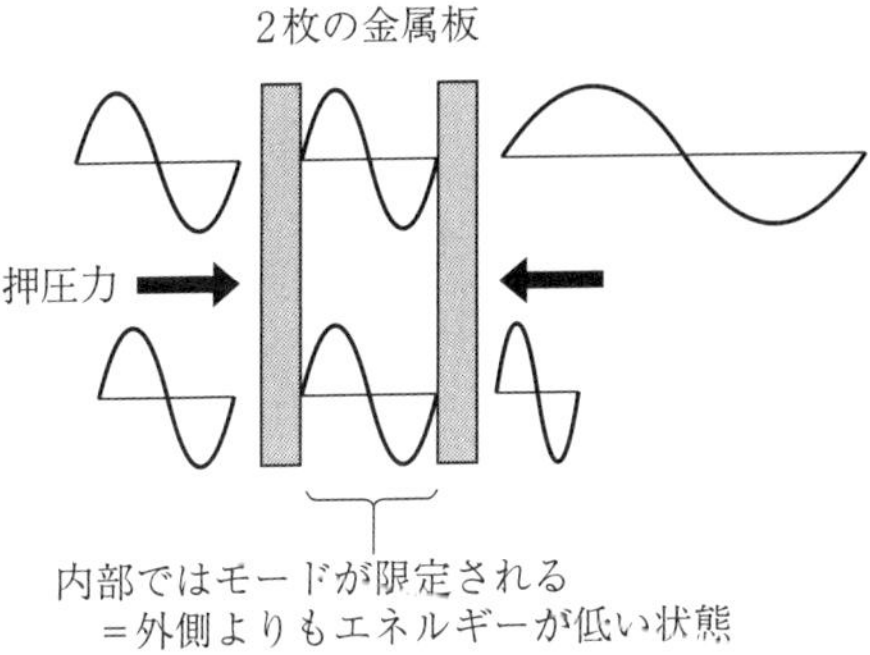

図4－5　カシミール効果　金属板の内側の真空のエネルギー密度と外側の真空のエネルギー密度の差によって、押圧力がかかる。

明されたのは、一九九七年になってからのことである。

カシミール効果の実験で明らかになったのは、金属板で囲まれた隙間とその外側の半無限空間とでは、それぞれのもつエネルギー密度に差がある、ということである。その絶対値自身は依然として不明のままである。このような真空のエネルギー、真空の位置《ポテンシャル》エネルギーは、通常の場の理論では、第三章で見た崖の上下の岩石の位置エネルギーと同じく、差だけが意味を持った量なので、真空のエネルギーの存在を証明するには、カシミール効果によって二つの状態での真空のエネルギーの差さえ測定できれば、それで十分なのである。あとは朝永先生の処方箋に従って、無限大の発散を捨ててしまえば良いのである。

捨てられない無限大

注意深い読者は、これまでのところで、「通常の」場の量子論においては、という但し書きが何ヵ所か出てきたことにお気づきになったかもしれない。ここで、「通常の」と断り書きを入れたのは、一般相対性理論を取り入れず、時空の曲がりを考慮せずにユークリッド空間からなるミンコフスキー時空で考えた場の理論のもとで計算した場合、という意味である。一般相対性理論を場の量子論に取り入れて計算しようとすると、真空のゼロ点振動とはいえエネルギーを持った状態は必ず時空を曲げてしまうので、一般相対論ではエネルギーのゼロ点は物理的な意味を持ち、通常のポテンシャルエネルギーのように勝手に基準点を動かすことは、もはや許されなくなってしまうのである。したがって、物理量に影響しない余計な無限大は取り除いてしまう、という繰り込み理論の最も簡単な処方箋はここでは通用しないのである。実際、アインシュタインの重力理論は繰り込み不可能であることが知られており、量子論とたいへん相性が悪いのである。

　重力を含んだ量子論を構築することは理論物理学の究極的な課題の一つである。現在その最も有力な候補がスーパーストリング理論であるが、まだ完成のめどが立っていない。スーパーストリング理論の予言については、また後で触れるとして、ここではまず、重力の量子論を考えなくてもよい範囲で真空のゼロ点振動のエネルギーを計算するとどうなるか、ということを述べておこう。電磁波の節でも述べたが、粒子の波長とエネルギーの間には反比例関係がある。波長が短いほどエネルギーが高いのである。これまでゼロ点振動のエネルギーを求めるにあたり、全ての波長にわたって足し上げようとしたので、答えは無限大に発散してしまったのだった。足し上げる波長をどんどん短くしていくと、重力の量子論的効果が効き出し、時空間そのものを量子的に扱わなければならなくなるプランク波長というものに到達する。それより小さな領域では時間や空間そのものがフラフラとゆらいでしまい、わたしたちの持つ確固とした空間のイメージでは捉えられなくなってしまうのである。プランク波長はセンチメートルの単位で言うと10^{-33}センチメートルという想像を絶する小ささである。そしてプランク波長に対応するエネルギーを$E=mc^2$の関係を使って質量に直すと、10^{-5}グラム程度になる。そして、プランク波長まで足し上げた真空のエネルギー密度は一立方センチメートルあたり10^{91}グラムに達する。これをプランク密度という。もともと無限大だと思っていた量なので、想像を絶する大きさになっても驚かない。

宇宙項問題

しかし、観測されているダークエネルギーの密度は先に述べたように、一立方センチメートルあたり10^{-29}グラムに過ぎない。この二つは一二〇桁もずれているのである。何かがおかしいのである。真空のエネルギーを単純にプランク波長まで足し上げた場合と、現実の宇宙の全エネルギーの間に一二〇桁の乖離《かいり》があることは、古くから知られていた。前に述べたように、真空のエネルギーはアインシュタインの宇宙項と同じものだから、これは「宇宙項問題」と呼ばれ、現代物理学最大の問題といっても良いような難題である。しかし理論と観測値の間のズレがあまりにも大きいものだから、「真空のエネルギーの存在を禁止するような、何らかの未知のしくみ（これを理論物理学では『対称性』という）があり、宇宙項あるいは真空のエネルギー密度はゼロになっているのだろう」、と長い間考えられていた。宇宙論的な観測の精度の悪かった時代でさえ、真空のエネルギー密度はプランク密度よりも少なくとも一一九桁は小さいということがわかっていたので、その次の桁にゼロでない数字が来るとは夢にも思っていなかったからである。

「対称性」というのは、いささか聞き慣れない言葉だが、たとえば図４－６の三つの図形のうち、縦に引いた直線に対して線対称なものを選べ、というのは小学校六年生の算数の問題である。二番目の図形を選べばよいのだが、このことを理論物理学者は、「ここにある三つの図形に線対称性、という対称性を課すと二番目の図形だけが残る」というように表現するのである。このように対称性が成り立つことを要求すると、実現可能な状態がある程度限られてくるのである。したがって、もし何らかのうまい対称性をみつけて、それによってわたしたちの宇宙の宇宙項がゼロになることを証明することができたら、それで宇宙項問題は解決するのである。

ところが、前世紀末のダークエネルギーの発見によって事態は一変した。何らかの対称性のお蔭で、宇宙項ゼロの宇宙が実現しているのだ、という主張は成り立たなくなってしまったからである。そして、なぜ一一九桁までは正確にゼロであり、次のケタはゼロでないか、説明しなければならなくなってしまったからである。

この、「なぜ一一九桁の精度でゼロなのか？」という問題と「なぜ一二〇桁目はゼロでないのか？」とは質的に

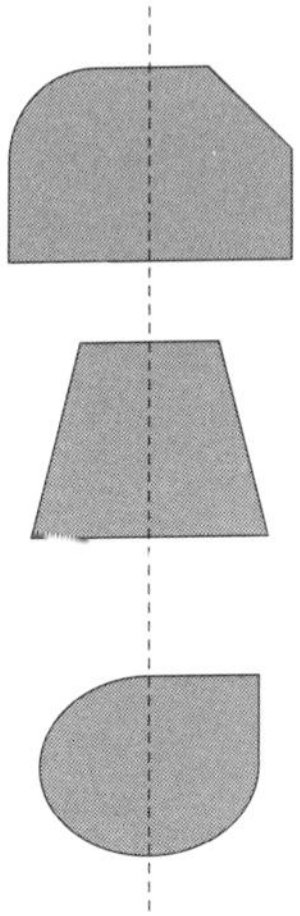

図４－６　対称性　３つの図形のなかで２番目のものだけが線対称性を持っている。

異なる問題であり、分けて考えられることが多い。というより、前者に対する満足な解答が得られていないため、後者のみを研究しようというものがほとんどである。つまり、何とかして加速膨張する解を見つけようというのである。それにしても、前者の問題をきちんと踏まえた上で後者の問題を考えることが大切なはずである。

二重真空説

そのような観点から筆者が考えたのが、二重真空説である。これまで真空は一つしかないと仮定して、その周りの量子論的なゆらぎを足し上げて真空のエネルギー密度を計算した。そしてその値が無限大になったり、あるいは時空の量子限界で計算を止めても観測値より一二〇桁も大きな値が出てしまったりして困ったので、これらを消す何らかの対称性があるのだろう、と期待したのであった。

二重真空説は、図4－7のようにエネルギー最低状態である真空を少なくとも二つ持っている理論を考える。この二つの状態を、プラス、マイナスのラベルで表すことにしよう。そして、これまで考えた量子力学の例と同じように、量子論的なトンネル効果によって、二つの真空の間を行ったり来たりすることができると考えよう。すると、図のプラス側の状態もマイナス側の状態も量子力学的には安定な状態にはなれない。なぜなら、プラスだけの状態にいたとすると、ある確率を持ってマイナスの状態に移ってしまうからである。プラス状態とマイナス状態を確率二分の一ずつで重ね合わせた状態が量子論的に実現するエネルギー最低の安定状態（基底状態という）である。そして、この状態に、多くの理論家が仮定しているのと同じ何らかの対称性が働き、この状態での宇宙項がゼロになっていると仮定しよう。わたしたちの宇宙がこうした重ね合わせ状態にあるのなら、天文学者が観測する宇宙項はゼロになってしまう。

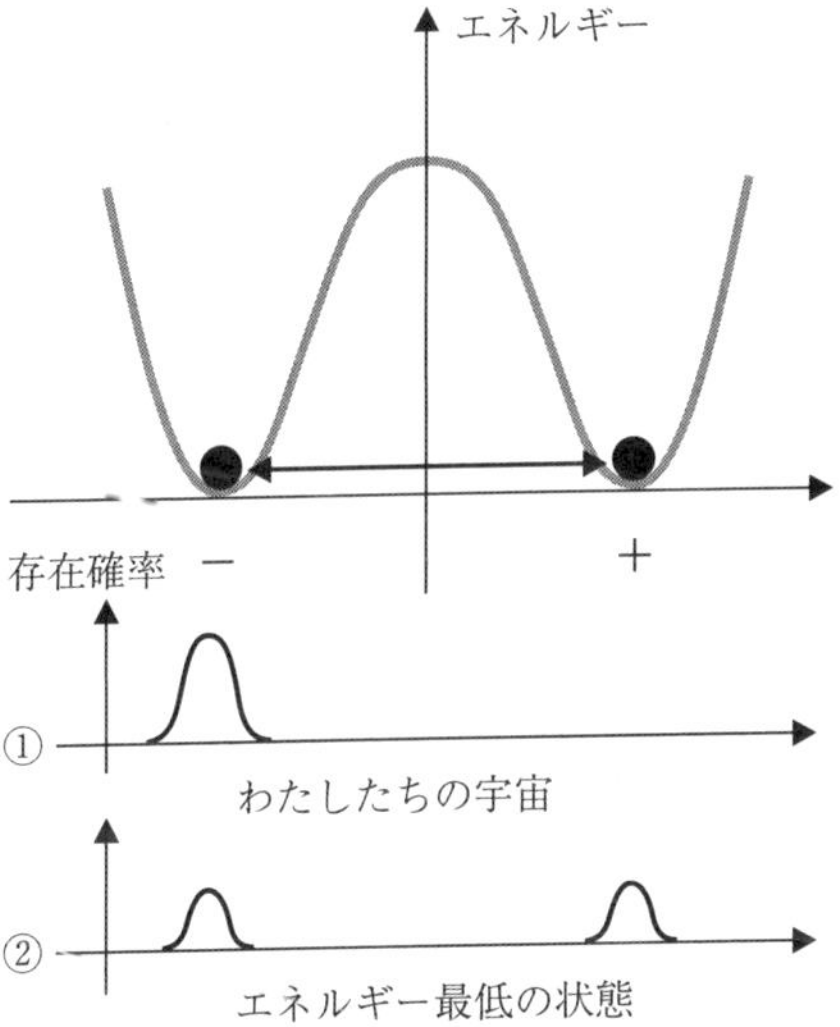

図4−7　二重真空説　「＋」と「−」の2つのエネルギー最低状態をもった理論を考えることで、ゼロよりもごくわずかだけ大きな真空のエネルギーを説明することができる。

　しかし、もしわたしたちの宇宙がこのエネルギー最低の真の基底状態にあるのではなく、マイナス側の状態にあったとしたら、ごくわずかだけゼロより大きな真空のエネルギーを観測することになる。そして量子論に基づいた計算によると、その大きさはトンネル効果によってプラス状態に転移する確率の平方根に比例していることが示されるのである。つまりトンネル効果の起こる確率が小さければ小さいほど、観測される宇宙項も小さくなるのである。

現在の宇宙が宇宙年齢一三八億年もの長い間このマイナスのラベルの状態に安定に過ごせるためには、トンネル効果の確率は非常に小さくなければならず、この理論では、そのことによって宇宙項が小さいことがみごとに説明できるのである。しかもトンネル効果の確率はもともと指数関数的に小さな量なので、観測される宇宙項がプランクスケールに比べて一一九桁も小さくても、何ら不思議ではないのである。そしてその状態の寿命が続く限りは、宇宙項と同じ性質を持った真空のエネルギー密度によって、宇宙は指数関数的な膨張期に入ることになる。

真空の圧力

エネルギー密度ゼロの真の真空は圧力も当然ゼロである。では真空が正のエネルギー密度を持っていて、インフレーション的な宇宙膨張が起こるような状態は、どのような圧力を持っているだろうか?

このことを考えるために、まずウォーミングアップとして、空気を入れたピストンを用意し、少し圧縮してみよう。空気は正の圧力を持っているから、そのままの状態を保つためにはピストンを指で押していないといけない。

　図4－8でいうと、左向きの力を指の外力として加えなければならない、ということである。もし、その力を緩めてしまうと、圧力と外力の釣り合いが崩れ、空気は膨張を始める。力の差はごくわずかだとして、ピストンはごくゆっくりと動くと考えると、その運動エネルギーは無視できる。ピストンは右に動くので、指で加えている外力とは逆向きである。したがって、空気に対して外力は負の仕事をすることになる。117ページに述べたように、力学的な仕事というのは、力の大きさに力の働いている向きに動いた距離をかけた量で与えられるから、力と逆向きに動いた場合、力は負の仕事をした、ということになるのである。その結果、空気のエネルギーは減少するわけである。押し縮められた空気を元に戻すと、温度が下がって冷えることからもわかるように、確かに空気のエネルギーは減少するのである。

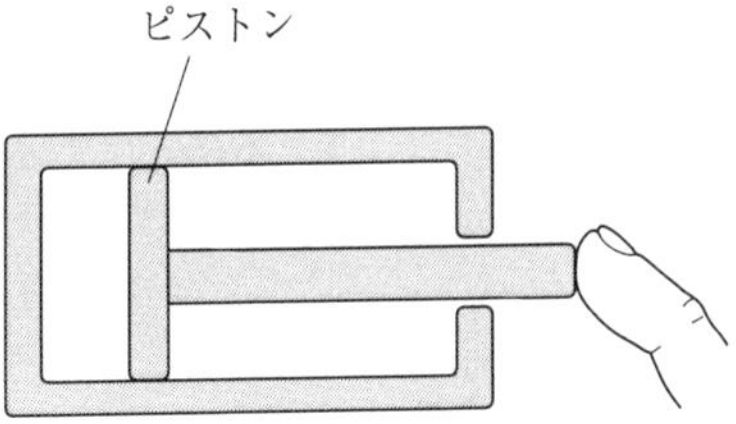

図4－8　圧力と仕事の関係

　次に真空のエネルギーの場合を考えよう。今と同じように、ピストンの中に正の真空のエネルギーを閉じ込めることができたとしよう。そして、同じように指でピストンを支えて釣り合いを保ちながら、右に動かしてみよう。ピストンの内部が広がるとき、正のエネルギー密度を持った真空も同じように広がっていくとしよう（これが実際の宇宙で起こることである）。すると、体積が増えた分だけ、ピストン内部のエネルギーは増加することになる。つまり、空気を閉じ込めた場合と逆のことが起こるのである。これは、指が正の仕事をしたことを意味する。指がピストンを支える力は右向きだったことになる。つまり真空のエネルギーは負の圧力を持っていることになる。さらに、真空のエネルギーは体積がどうなろうと、その密度自体は変化しないので、光速を1に取るような単位系を採ると、圧力はエネルギー密度の-1倍に等しいことがわかる。

こうしてみると、真空のエネルギーの振る舞いと、115ページに述べた宇宙の状態の持つ位置エネルギー、あるいはポテンシャルエネルギーの振る舞いは、宇宙の状態が変化しない限りは、まったく同じであることに気付く。実際、宇宙の状態の持つエネルギーのうち、どの部分が真空のエネルギーで、どの部分がポテンシャルエネルギーなのか、区別することはできないのである。

どちらも同じようにダークエネルギーに寄与するのである。

さきに、ダークエネルギーの密度が時間と共にどう変化するか、ということについて可能性としては、「全く薄まらず、密度一定を永遠に保つ」、「物質のエネルギーよりははるかにゆるやかであるとはいえ、少しずつ薄まっていく」、「宇宙膨張と共に、時間と共に、実は少しずつ増えていく」という三通りがある、ということを述べた。このことと、ダークエネルギーの圧力がどのような値を取るか、ということが密接に関係している。光速を1にした単位系で測った、圧力とエネルギー密度の比の値のことを状態方程式パラメタと呼ぶ。これをwという文字で表すのが、近年の習わしである。真空のエネルギーや位置エネルギーは、宇宙が膨張しようが収縮しようが、その密度は一切変化しないので、$w=-1$である。wが-0.95とか、-1より少し大きい値を取っていたとすると、圧力の大きさの方がエネルギー密度より小さいということなので、宇宙が膨張したときになされる仕事量が十分でなく、ダークエネルギー密度は宇宙膨張と共に少しずつ減っていくことになる。逆にもしwが-1より小さく、-1.1というような値を持っていたとすると、ダークエネルギー密度は今後どんどん増えていってしまうことになる。ダークエネルギーのwの値を測定することが、宇宙の未来を占う上で、極めて重要な問題であることがこれでおわかりいただけるだろう。現在さまざまな方法で観測が進められているが、wが-1からずれている、という証拠はまったく得られていない。その限りにおいては、ダークエネルギーの正体は真空のエネルギーであると考えて、今のところはさしつかえない。一方もし今後、wが-1からズレている証拠が見つかれば、ダークエネルギーへの理解が飛躍的に進むことが期待される。

一方、ダークマターは圧力を持っていないので、$w=0$である。

第五章

宇宙のはじまり

宇宙膨張をさかのぼる

これまで、宇宙が何でできているか、という観点から、ビッグバン宇宙の初期に起こった元素合成とともに、現代に近い時期に起こったダークエネルギー優勢期の宇宙を探ってきた。これから先は、宇宙の過去と未来、という時間の流れに沿った宇宙の歴史を考えてみることにしよう。この章ではまず、宇宙膨張をさかのぼり、過去に向かってみよう。光は光速で宇宙空間を進んでくるので、遠くの宇宙を見れば、時間をさかのぼった過去の宇宙の状態を観測することができるわけである。

現在の宇宙では、光や電磁波は、何ものにも散乱されず、銀河間空間をまっすぐ進むことができるが、宇宙の進化を過去にたどると、温度がどんどん上昇していくため、過去の宇宙においては、電子は原子核に束縛された状態ではなく、イオン化したプラズマ状態にあったと考えられる。つまり、かつて宇宙空間には自由電子がうようよしていたのである。このような状況では、光や電磁波を担う粒子である光子は、自由電子によって激しく散乱され、まっすぐに進むことができなかった。これはいわば雲の中を進むようなものである。

宇宙膨張によって温度が下がって電子が原子核に束縛されて初めて、宇宙は電荷を持った粒子のない、いたるところ電気的に中性な状態になり、電磁波はまっすぐに進めるようになったので

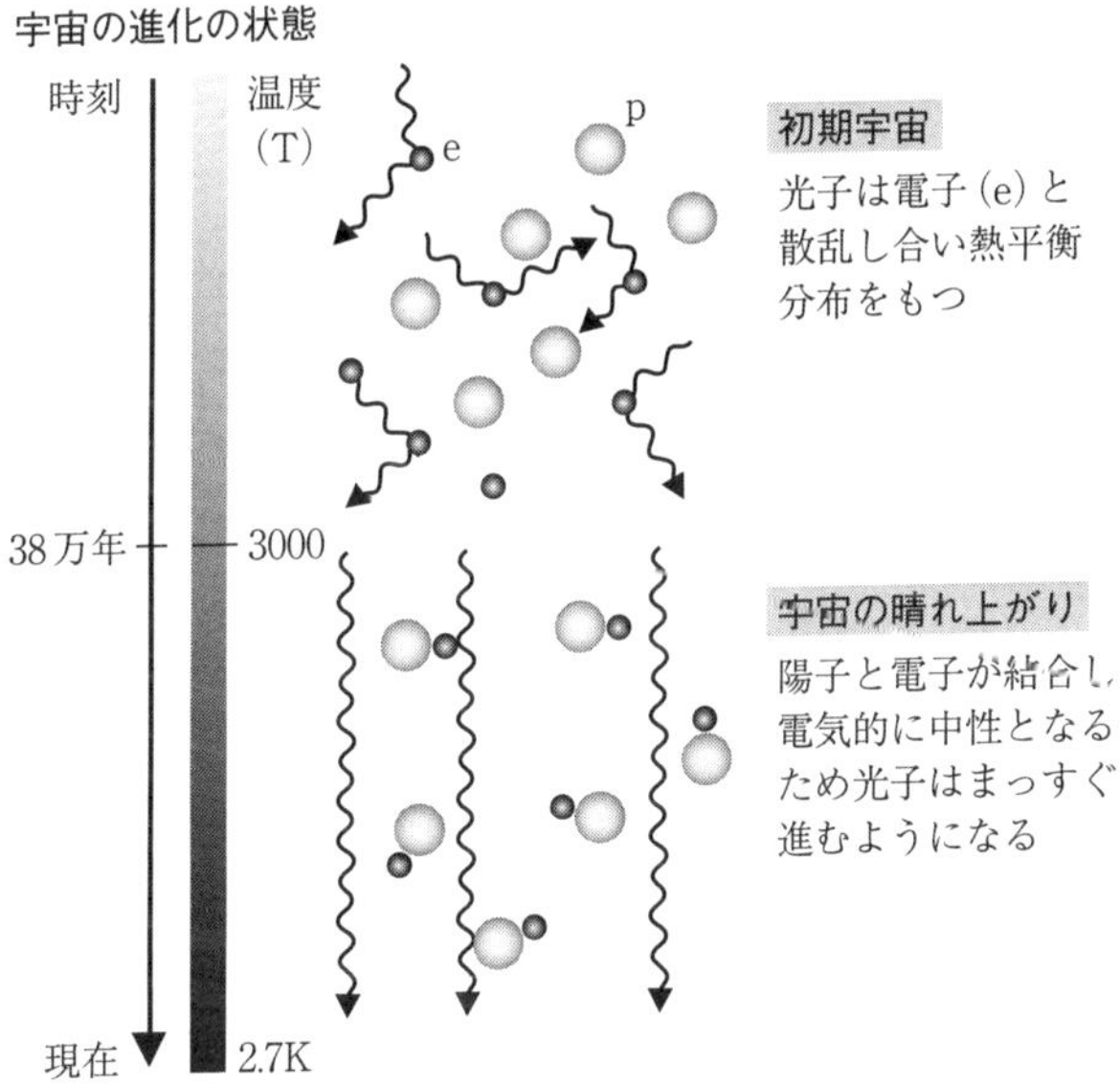

図5－1　宇宙の晴れ上がり

ある。これを宇宙の晴れ上がりという。これが起こったのはビッグバンが起こったあと三八万年頃の温度が絶対温度にして約三〇〇〇度の頃のことである（図5－1）。

時間の流れを正の向きにたどると、宇宙年齢三八万年より前の高温高密度時代には、光子はまっすぐに進むことができなかったが、自由電子が原子核に束縛された、三八万年より後には、まっすぐ進めるようになった、ということである。これはちょうど曇りの日に空を見るのと似ている。晴れの日に空を見ると、太陽を八分前に出た光を直接観測することができるが、曇りの日には太陽を直接見ることはできない。太陽から届いた光は雲の中で何度も散乱され、雲を抜けて始めてわたしたちのところまでまっすぐに届くことができる。それによってわたしたちは太陽のことは間接的にしか知ることができなくなってしまうが、その反面雲の表面の様子は詳細に観測することが可能になる。

同じように、わたしたちはビッグバンそのものから来る光を直接観測することはできないが、宇宙の晴れ上がりの時、すなわち誕生三八万年後の宇宙から来る光を観測し、その時の宇宙の様子をつぶさに知ることができるのである。この光は一三八億光年をかけてわたしたちのもとに飛来してきたわけだが、その間の宇宙膨張によって電波（マイクロ波）の波長に引き伸ばされ、しかも宇宙の全方向から一様に飛来するので、宇宙マイクロ波背景放射と呼ばれる。

一九九二年に観測結果を公表した宇宙背景放射探査衛星ＣＯＢＥ《コービー》は、まさにこの宇宙マイクロ波背景放射の全天地図を初めて描き、衛星の運動によるドップラー効果を除くと宇宙の各方向からやってくるマイクロ波背景放射の温度は一万分の一の精度では完全に一致していることを見出した。つまり、温度の非等方性は一〇万分の一という小さな値でしかないことを初めて明らかにした。また、二〇〇三年に得られたＷＭＡＰの観測データはさらに微細なスケールで観測を行い、ＣＯＢＥの観測結果を検証するとともに、宇宙の状態を特徴づけるさまざまな物理量の精密な決定に大きな寄与をした。宇宙背景放射の非等方性のパターンは、宇宙膨張率や、元素やダークマターの存在量、空間の曲率等に密接に関係づけられているからである。

現在こうした衛星が、宇宙マイクロ波背景放射の非等方性を観測することによって、宇宙が晴れ上がった頃の時空がどれくらいでこぼこしていたかを調べることができる。そしてわたしたちは背景放射がどの方向をみてもほとんど同じ温度をもち、極めて等方的であることを観測している。すなわち、宇宙の晴れ上がりの当時すでに「宇宙空間の各点は本質的に同等であり、宇宙には端も中心もない」という宇宙原理がどの方向を見ても高い精度で成り立っていたことが明らかになったのである。

このことはしかし、進化する宇宙、という観点で考えると、大きな謎をはらんでいることが、次のような考察によってわかる。

地平線問題と平坦性問題

晴れ上がりの頃の宇宙の年齢はおよそ三八万年であるから、それまでに光が進むことのできた距離は、宇宙膨張を無視して単純に見積もると、光速にその時の年齢をかけて、三八万光年つまり十数万パーセクくらいであったことがわかる。古典ビッグバン宇宙論で想定しているような、緩やかに膨張するような宇宙では、宇宙膨張の影響を取り入れても、この値の三倍を超えることはない。光より速く信号を伝達することはできないので、宇宙が生まれてからこのときまでに因果関係をもてた距離、すなわち宇宙の地平線までの長さも同じ値で与えられることになる。晴れ上がりのあと、宇宙は現在までにさらに一〇〇〇倍ほど膨張したので、これは現在の距離に直すと二〇〇メガパーセクほどになる。一方、宇宙マイクロ波背景放射は現在見える全てのスケール、つまり現在の地平線である数千メガパーセクまでの全スケールにわたって、四桁の精度で等方的である。このことは、宇宙マイクロ波背景放射が、宇宙の晴れ上がりのときに当時の地平線をはるかに越えて、つまり因果律に矛盾して一様・等方的であったことを示している。これを地平線問題という。

図5－2の宇宙マイクロ波背景放射は、ビッグバン後三八万年のときの晴れ上がりの際に宇宙を覆っていた雲の様子を写したようなものである。そして、その雲の表面は極めてスムーズで、一〇万分の一のでこぼこしかない、というのが観測結果なのである。明日の東京の天気を予報するのに、今日アフリカに雨を降らせている雲が影響することはあり得ないといってよいし、地球上の各点から同時に空を見上げたところで、見える雲の様子は場所によって千差万別なのに、宇宙が晴れ上がる前、宇宙を覆っていた雲はどこもかしこもほとんど一様だったというのである。宇宙がこのような不思議な状態にある、ということが地平線問題の言わんとするところである。

ビッグバン宇宙に地平線問題があるのは、物質の中身として放射やダークマターのように万有引力を及ぼし、宇宙膨張を減速させるような働きのものが主要部分を占めると考えてきたからで

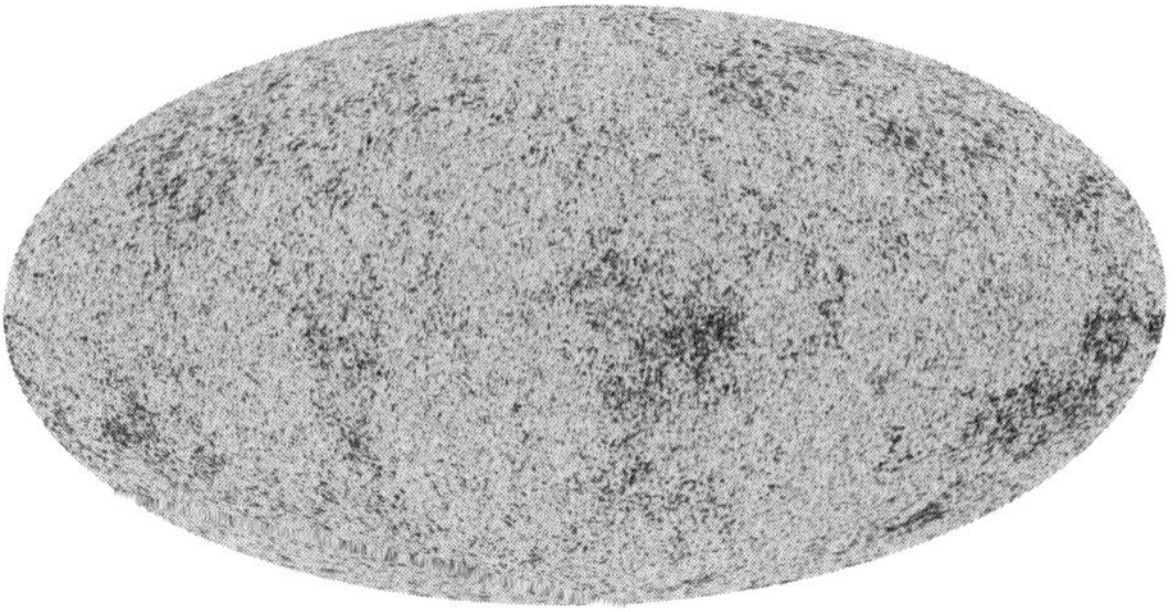

図5－2　プランク衛星の観測から得られた宇宙マイクロ波背景放射の全天地図　(ESA and the Planck Collaboration)

ある。そのため各時刻の地平線の大きさは、そのときの宇宙年齢に光速をかけた値のせいぜい三倍までの大きさしかなかったことになり、宇宙マイクロ波背景放射の等方性が説明できないのである。別の言い方をすると、一般相対性理論では、宇宙膨張の速さは宇宙のエネルギー密度が大きいほど速くなるが、放射やダークマターのエネルギー密度は宇宙が膨張するにつれてどんどん減っていくので、膨張速度もどんどん遅くなってしまうのである。そのため地平線を十分速く大きくしてやることができないのである。

ビッグバン宇宙論のもう一つの問題は、なぜ宇宙空間は、ユークリッド幾何学が成り立つような空間曲率ゼロの平坦な空間になっているように見えるか、という宇宙の平坦性問題である。

三次元空間の曲率、というとイメージしにくいので、次元を一つ減らして二次元空間、つまり曲面の曲率を考えてみよう。曲面は、サッカーボールのようにどの方向も膨らんでいる閉じた球面と、馬の鞍《くら》のように向きによって膨らんだり凹んだりしている面に大別できる。その中間に真っ平らの平面がある。これらの曲率の符号は順に正、負、ゼロである。三次元空間も同じように、球面になぞらえられる正の空間曲率をもった閉じた空間、鞍形のイメージを持つ負の曲率を持つ開いた空間、そして曲率ゼロのユークリッド空間に分類できるのである。曲率が正だと三角形の内角の和は一八〇度を超えてしまい、曲率ゼロの時はちょうど一八〇度、曲率が負の場合は一八〇度以下になる、という特徴を持つ。

サッカーボールも地球も、ほぼ球面と見なしてよい、正の曲率を持った閉じた曲面をなしている。サッカーボールが閉じた曲面であることは見ればすぐわかるが、地球がそのような形をしているということは、日常生活ではわからない。地球の曲率半径がとてつもなく大きいため、町内を歩き回ったくらいでは、わたしたちが閉じた曲面の上に住んでいることはわからないからである。この曲率半径というのは、球面の場合の半径に相当する長さのことで、そのくらいの距離を空間上で動いてみたら、あるいは見渡してみたら、確かにその空間が曲がっている、ということを感じ取ることができるような長さのことである。地球の曲率半径は六四〇〇キロメートルほどだから、平らな海面を少なくとも一〇キロメートルくらいは見渡さないと、地球が球面状であることはなかなかわからない。

宇宙空間も、正または負いずれかの曲率を持っていると考えられるが、精密な観測が進んだ今日でさえ、曲率の符号を決定できていない。つまりそれくらいゼロに近いということなのである。これは、現在の宇宙の曲率半径が地平線と比べてずっと大きいため、現代の観測技術を駆使して宇宙の地平線付近まで観測しても、いまだに宇宙が曲がっているという証拠がつかめていないのである。宇宙の曲率半径はそれ以上に大きいということなのである。

ビッグバン宇宙論では、地平線は宇宙年齢に比例して大きくなるのに対し、宇宙空間の大きさやその曲率半径は、万有引力が宇宙膨張を減速するように作用するため、よりゆっくりとしか大きくなれない（図5－3）。したがって、現在の宇宙の曲率半径が地平線より大きいということは、過去の宇宙の曲率半径は当時の地平線より何十桁も大きかったことになる。なぜこのような状態が宇宙のはじめに実現していたかは大きなナゾである。これをビッグバン宇宙論における平坦性問題という。

初期宇宙のインフレーション

このような問題点を解決するのがインフレーション宇宙論である。これは元素合成が起こるずっと以前に、宇宙をネズミ算式に膨張（これをインフレーションと呼ぶ）させて、たとえはじめにでこぼこがあったとしてもそれをぐんと引き伸ばしてなめらかにし、宇宙を一様・等方にしてしまおうという考え方である。宇宙がインフレーション的膨張を引き起こすためには、宇宙膨張

図５－３　宇宙の地平線と曲率　３次元空間を図示することはできないので、閉じた宇宙の空間を２次元の球面でモデル化している。黒く塗り潰したところが球のてっぺんにいる観測者が見渡すことのできる地平線である。地平線の半径は時間に比例して大きくなるが、宇宙はそれよりもゆっくり膨張するので、時間がたつにつれて地平線がより速く大きくなるため、観測者は球面のかなりの部分を見渡せるようになり、自分が平坦な空間ではなく、曲がった空間に住んでいることに気づいてしまう。しかし、現在の宇宙はそうはなっていない。それは宇宙空間が球面のようにまがっていたとしても、その半径はとてつもなく大きくて、まだ曲がり具合に気づけないからである。

率がしばらくの間ほぼ一定であり続ければよい。そのためには、宇宙が膨張してもエネルギー密度が減らない物質が必要である。しかし、元素や光のようによく知られた物質はこのような条件を満たさず、宇宙のふくらし粉の役割を果たす新しい物質が必要とされる。

この役割を果たすのが、現在の宇宙の加速膨張を実現しているのと同じような、宇宙の「状態の持つエネルギー」である。具体的には、第四章で述べたスカラー場のポテンシャルエネルギーがインフレーション的宇宙膨張を起こす原因を与えていると考えられる。現在の加速膨張と違うのは、そのエネルギー密度がざっと一〇〇桁ほど大きいと考えられること、そして現在わたしたちが経験している加速膨張はいくら続いても、それはわたしたちのあずかり知らぬ未来のことなのでかまわないが、初期宇宙に起こったインフレーションは、どこかの段階で終了し、ポテンシャルエネルギーを何らかの方法で熱い放射のエネルギーに転換することが必要だ、ということである。さもないと、ビッグバン宇宙の初期状態が実現しないからである。

このような宇宙進化史を実現するためには、図3－14で見た、オオカミが崖の上から下へ岩を落とすような、上と下と二通りしか状態のないモデルではダメで、エネルギーの高い状態から低い状態へ、スカラー場の値と共に連続的に変化できるような理論を考える必要がある。

簡単な例としては、スカラー場の値とポテンシャルエネルギーの関係が図5－4のようなお椀《わん》形の斜面で表される理論を考えることができる。宇宙空間の各点でスカラー場の値が異なると、

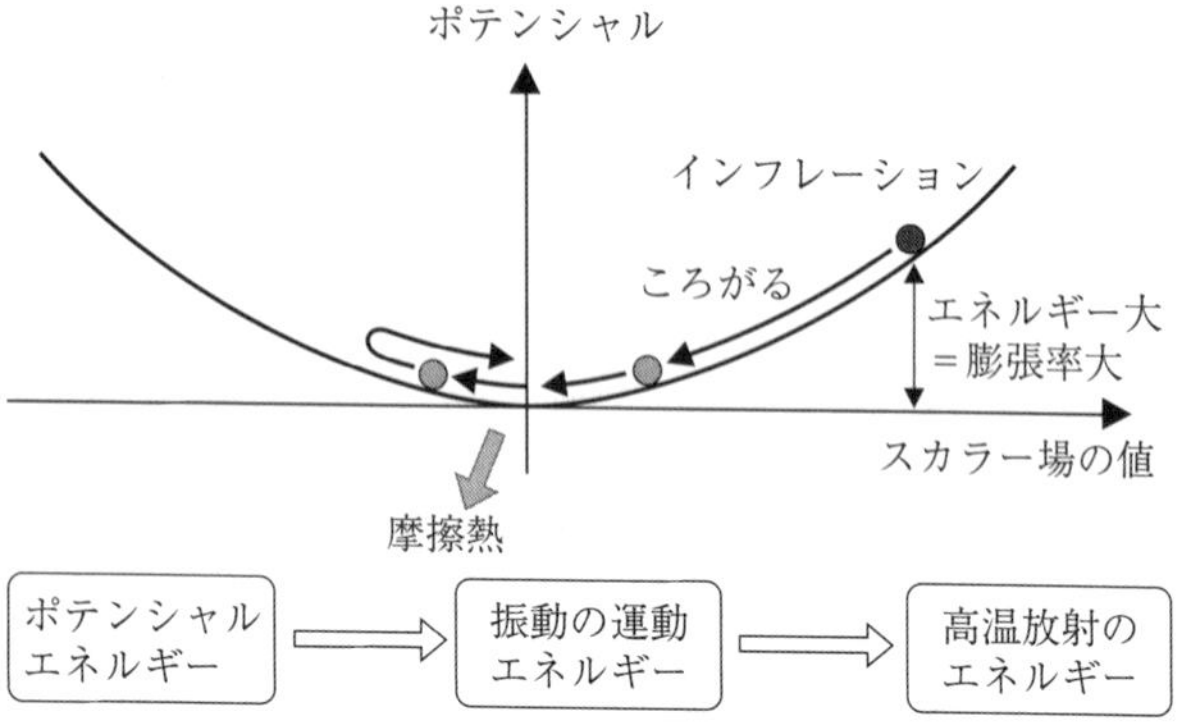

図5－4　お椀形のポテンシャルエネルギー

それぞれの点はそこでのスカラー場の値に応じて決まるポテンシャルエネルギーの値を持つのである。われわれが普段そのようなエネルギーに気づかないのは、スカラー場の値は、現在どこもかしこもお椀の最底点であるゼロになっていて、ポテンシャルエネルギーの値も至るところでほとんどゼロになっているためである。

宇宙の歴史をたどるというのは、たとえて言えばこのお椀にパチンコ玉を入れたらどうなるかを考えることと全く同じである。パチンコ玉がお椀の中心からどれだけずれたところにあるかがその点でのスカラー場の値を表し、パチンコ玉の高さがポテンシャルエネルギーの大きさを表すのである。

パチンコ玉をお椀の外縁に置いて手を離したら、パチンコ玉はお椀の底に向かって動きだし、底の周りを何度か振動した後で真ん中の底に静止する。この静止した状態が、現在わたしたちが住む宇宙に対応するのである。

パチンコ玉がはじめにお椀の縁の近くにあって大きなポテンシャルエネルギーを持っていたときに、宇宙のインフレーション的膨張が起こったのである。というのは図の斜面を転がるスカラー場には、お椀を転がるパチンコ玉とは違って強い摩擦力が働き、ごくゆっくりとしか転がることができないからである。つまり、スカラー場が大きな値を持ってごくゆっくりと底に向かって動いている間は、ポテンシャルエネルギーの値もごくゆっくりとしか減少しないので、そのとき「宇宙が膨張してもエネルギー密度があまり減少しない」というインフレーション的膨張が起こる条件が満たされるからである。その間に宇宙は十分大きくスムーズになり、地平線問題が解決される。

ポテンシャルの坂を転がるパチンコ玉は、いずれは底の周りを何度か振動しながら摩擦によって運動エネルギーを徐々に失い、最後には底に落ち着くだろう。これと同じことが宇宙でも起こるのである。そしてこの振動のエネルギーが摩擦によって熱に変わったのがビッグバン宇宙のはじまりにあった、高温高密度の熱い状態の起源である。すなわち、インフレーション理論は、地平線・平坦性問題というビッグバン宇宙の大問題を解決するだけでなく、ビッグバン宇宙論の初期状態を物理的に与えることにも成功したのである。

こうしてインフレーション宇宙論においては、ビッグバン宇宙論が初期条件として仮定した、「ある初速度で膨張を始める灼熱の宇宙」という初期状態が素粒子物理学の理論によって物理的に実現することができるのである。ビッグバン宇宙論の問題点を解決しようとするうちに、われわれはインフレーション宇宙論に到達し、その結果宇宙の始まりに関する研究が一歩前進したことになった。

しかし、ただ単に一様・等方な宇宙ができてしまったのでは、それはのっぺらぼうの宇宙であって、星・銀河・銀河団といった豊かな階層構造の存在する現在の宇宙とは似ても似つかないものになってしまう。一様性からのズレを与えるエネルギー密度のムラが少しはできないと、あとで星や銀河を作ることができないからである。

量子ゆらぎの作った宇宙の構造

この問題に解決を与えてくれるのが、またしても量子論である。

このようなインフレーションが起こるのは、宇宙がまだ原子一個よりも小さかったような、超ミクロな時代なので、これまで何度となく出てきた量子論の影響をここでも考える必要がある。量子力学では、波動としての性質から、粒子の位置と速度を同時に正確に決めることはできない、ということを述べたが、スカラー場の運動も同じように、ポテンシャルの坂道を単にころころと転がるのではなく、量子論によってフラフラしながら変化することになる。これを量子ゆらぎという。ポテンシャルの坂道を常に下がり続けるのではなく、宇宙の場所ごとに上がったり下がったりフラフラしながら徐々に下がっていくのである。

特に、インフレーション中に生じる量子ゆらぎは、一定の時間ごとに、一定の波長を持ったゆらぎがほぼ一定の期待値を持ってランダムに生成し、つぎつぎと引き伸ばされていく、という特徴を持っている。正確に言うとゆらぎの大きさはポテンシャルエネルギー密度の平方根に比例するが、現在観測にかかる範囲のゆらぎは、ごく短い間にできたと考えられ、その間ポテンシャルエネルギー密度はほとんど変化しないので、各時刻でできたゆらぎの大きさは、ほぼ一定であったと考えて良いのである。

各時刻にできたゆらぎがどれだけ引き伸ばされるか、ということはその後どれだけインフレーションが続くか、ということで決まるので、早くできたゆらぎほど、わたしたちが観測するときにはより長波長のゆらぎになっていることになる。どの時刻にできたゆらぎもほぼ同じ大きさを持つというのだから、最終的には観測可能な全てのスケールにわたってほぼ同じ大きさのゆらぎを持った宇宙ができあがることになる。

現在の宇宙には、銀河、銀河団、超銀河団、と入れ子式にさまざまな大きさの構造体が存在しているが、これらは、インフレーション宇宙論の予言するさまざまなスケールにわたってほぼ一定の大きさを持つ密度ゆらぎから出発して、万有引力の法則によって密度の濃かった重い領域が周りのものを集めることによってできたのだ、と考えると、みごとに再現されるのである。

さらに、宇宙が晴れ上がったときの宇宙マイクロ波背景放射の全天地図に見られる温度のムラのパターンも、こうしたインフレーション時代の量子ゆらぎの痕跡と考えると、みごとに説明することができる。こうして、初期宇宙にインフレーションが起こったことが観測的にも強く支持されるようになった。

たくさんの宇宙

インフレーション的宇宙膨張はどれくらい続けばよいのだろうか?

現在の宇宙の地平線問題、平坦性問題を解決するためには、インフレーションの間、宇宙の大きさがざっと三〇桁くらい大きくなればじゅうぶんであることが知られている。しかし、理論的にはもっとずっと長い間、インフレーションを起こすことも可能である。実を言うとインフレーションは、起こすよりもうまく終わらせる方が、ずっとむずかしいのである。

長い間インフレーションを続ける宇宙での量子ゆらぎの構造を考えてみよう。わたしたちが観測できるのは、インフレーションの最後に宇宙が三〇桁ほど膨張した最終段階だけである。それ以前にもインフレーションが続いていたとすると、ポテンシャルをさかのぼっていくにつれポテンシャルエネルギーはどんどん大きくなっていくことが図5－5から読み取れるであろう。すると、各時刻で発生する量子ゆらぎの大きさも過去にいくほど大きくなってしまい、パチンコ玉な

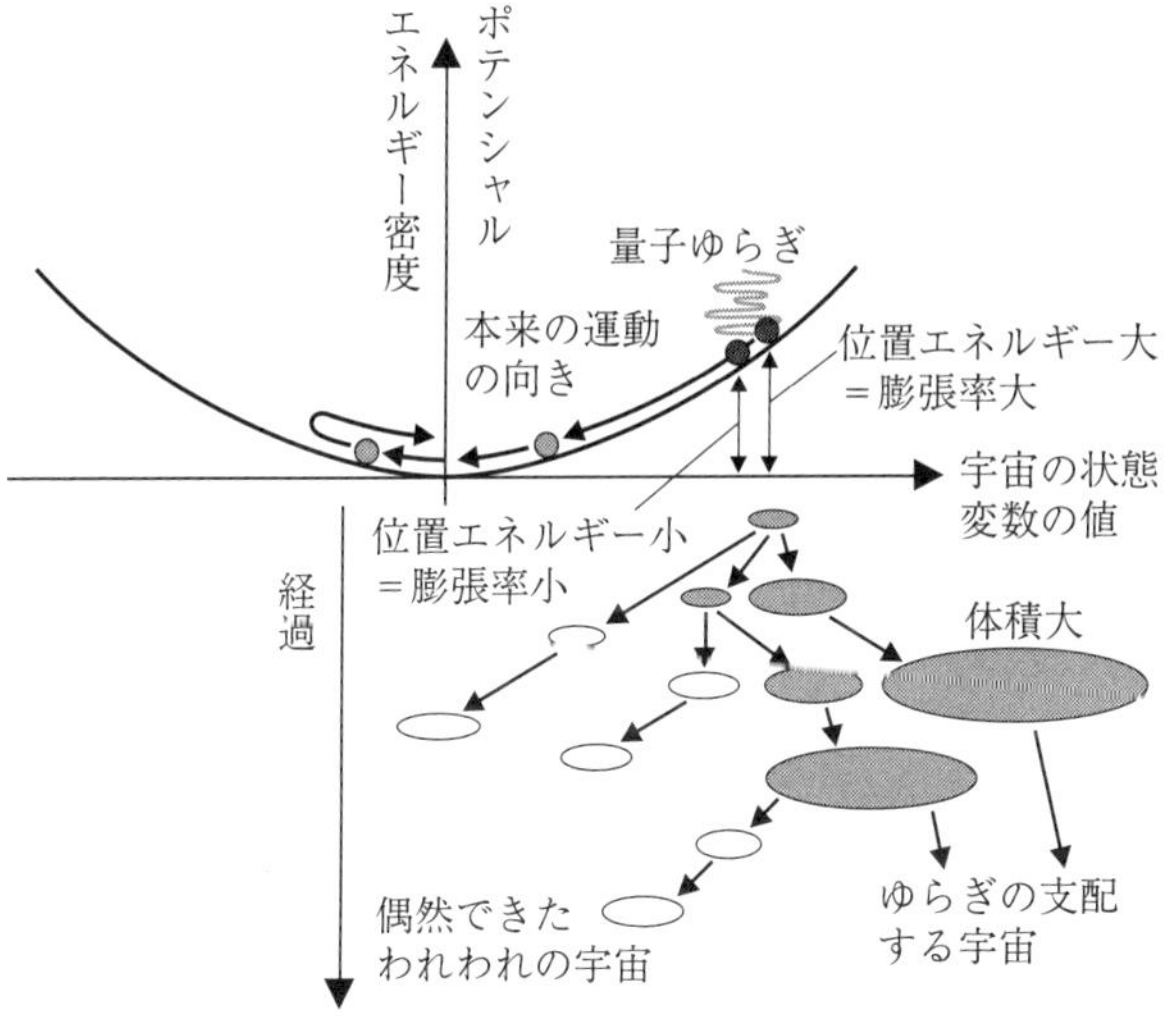

図５－５　量子ゆらぎによって生まれるたくさんの宇宙

らぬスカラー場の運動は、坂道を徐々に転がるというよりは、むしろゆらぎによるランダムな運動の方が勝ってしまい、場所によって上がったり下がったりしながら運動することになる。ブラウン運動と同様である。

とはいえ、量子ゆらぎはしょせんランダムなものであって、平均すればゼロになるから、宇宙全体としてはいずれどこもお椀の底に落ち着くだろう。直観的にはそのように予測される。しかし、現実に起こることはこの直観的予想とは全く異なる。

さきに述べたように、宇宙の膨張率はエネルギー密度が大きい方が大きいため、このようにお椀の上の方にゆらゆらと動いていって高いポテンシャルエネルギーを持つようになった領域は、下のほうに転がっていった領域よりもより大きな膨張率を持つため、少し時間がたつとより大きな体積を持つようになる。これを繰り返すうちに、宇宙の体積の大半は大きなポテンシャルエネルギーを持った領域によって占められるようになるのである。そこでは量子ゆらぎが宇宙の進化を支配し、永遠にインフレーションを続けることになる。量子ゆらぎは場所ごとにつぎつぎと生成されるので、さまざまなゆらぎの値をモザイク状に持った各領域がしばらく膨張すると、その中に再びモザイク状にゆらぎが発生し、ゆらぎの中から小さな宇宙が自己発生を繰り返す、という驚くべき描像に達する。

上向きのゆらぎがたまたま小さく、ポテンシャルエネルギーが十分小さくなってはじめて、ゆらぎが十分小さな、わたしたちの暮らすような宇宙ができてくる。その外には、いまだにインフレーションを続けている領域があり、その中には、わたしたちの宇宙と同じように、たまたまポテンシャルエネルギーが小さくなり、インフレーションの終わった別のビッグバン宇宙もあるはずである。

このように、宇宙が多数存在し得るということを現代物理学を用いて初めて示したのが、インフレーション宇宙論の創始者の一人でもある佐藤勝彦博士とその共同研究者であり、それは一九八二年のことだった。このことは、天動説から地動説への転換以来の宇宙観の転換であり、画期的な意味を持つものである。

こうして、現代インフレーション宇宙論に従うと、宇宙というのはたくさんあると考えられる。そして、たくさんあるそれぞれの宇宙は、微妙に違った性質を持っていると考えられる。それについて、重力の量子論の最有力候補であるスーパーストリング理論は、次に述べるようなおもしろい予言をしている。

スーパーストリング理論の描く宇宙の風景

真空のエネルギーは、宇宙空間を一様に満たしているので、宇宙で最も大きな構造物——と呼んでよいかどうかわからないが——あるいは存在である。しかし、先に述べたようにその起源の少なくとも一部には量子論が絡んでいることは間違いない。そこで、重力の量子論が必要になってくるわけだが、その最有力候補と考えられているスーパーストリング理論（超弦理論）は、宇宙の真空のエネルギー密度あるいは宇宙項に対して興味深い主張をしている。

重力と他の相互作用とを統一し、整合的な量子論を構築しようとする他の多くの試みと同様、スーパーストリング理論によると、時空はわれわれが普段観測しているような四次元ではなく、より多くの空間次元（時間も合わせて一〇次元）を持っていることになる。日常生活や実験事実に矛盾しないよう、一〇次元のうちの六次元の存在はわれわれが認識できないように隔絶されていなければならない。それにはまず、われわれが普段認識できるすべての物質——もちろん光なども含めて——が三次元空間から逃げ出さないように理論を構成しなければならない。このとき、われわれの宇宙は、一〇次元の時空の中の一部を占める四次元の膜——ブレインと呼ばれる——上にあるのだ、ということになる。

さらに、残りの六次元空間の大きさや形状は、わたしたちが四次元時空で観測するさまざまな物理定数の値に反映される。すなわち、スーパーストリング理論においては、重力定数や電子の質量やその他もろもろの物理「定数」は、もはや定数ではなく、目には見えない六次元の内部空間の大きさや形が変わると、それにつられて変化してしまうのである。したがって、これらはしっかりと固定されていなければならない。さもないと、われわれの暮らす四次元宇宙の物理定数がふらついたり、奇妙な物質がわれわれの宇宙に現れてしまったりするからである。

このような高次元理論に特有の内部空間をいかにして固定するか、というのは積年の課題であった。数年前にフラックスコンパクト化という、内部空間だけに作用するある種の電場や磁場のようなものを導入して、その作用によって内部空間を固定化する新しい手法が提唱され、ようやくこれを実現することができるようになってきた。この方法によると、内部空間を固定する仕方はきわめて多数あり、その数は10^{100}通りとも10^{1000}通りともいわれている。四次元宇宙の観点から見ると、その一つ一つが、異なった物理定数をもち、異なった物質の存在する宇宙に対応す

図5－6　ストリング・ランドスケープのイメージ　たくさんの谷底がある。（図版提供：Brian S. Kissinger）

る、というのである。中には目に見える空間次元の数さえ異なっている宇宙も存在する。つまり、前節ではインフレーションが終わったあと、宇宙の各点は全てインフレーションを起こしたスカラー場がゼロの値を取る同じ状態に行き着くと考えたが、詳しく考えてみると、その状態は決して一意的に決まるのではなく、別のパラメタによって何通りもの状態を取る可能性を秘めている。つまり、お椀の底は一通りではないのである。

　こうした多くの状態を、理論を構成するパラメタ空間の中に描いてみると、内部空間の自由度の固定された10^{100}ないし10^{1000}通りの状態は、他の状態より安定で低いエネルギー状態にあるので、内部空間の大きさや形を表すパラメタを一つ選んで、それを少しずつ変化させたときにエネルギーがどう変わるかを図に書くと、図5－5で描いたポテンシャルエネルギー密度のような曲線が得られる。水が低きに流れるのと同じように、周囲より低いところが、内部空間が固定された準安定な状態である。内部空間の大きさや形状を指定するさまざまなパラメタの値を変化させて、同じようにエネルギーの曲線を描いてその見取り図を作ると、内部空間の自由度の固定された10^{100}通りなり10^{1000}通りの状態はエネルギー渓谷の谷底に位置することになる。スーパーストリング理論の描く理論のパラメタ空間は、多数の切り立った渓谷からなる美しい風景なのである。これを洒落て、このような様相はストリング・ランドスケープ（ストリング理論の景観）などと呼ばれている（図5－6）。

異なった物理定数を持つ宇宙が10^{1000}通りもあったとしたら、それぞれの宇宙での宇宙項、つまり真空のエネルギー密度の値も、さまざまであろう。プランク密度よりも一二〇桁も小さな宇宙項が実現したとしても何ら不思議ではない。こうして、スーパーストリング理論は、われわれの宇宙の真空のエネルギー密度がなぜこんなに小さい値で、しかもゼロではない値を持つのかを理解する上で、興味深い示唆を与えるのである。しかし、さまざまな宇宙項が実現できる、ということと、われわれの宇宙の宇宙項の大きさがこれこれの値に決まる、ということは全く別のことである。とりわけ、先に述べたような、場の理論におけるゼロ点振動を足し上げていったとき、これらの多数の状態がどのような構造になるのか、わかっていないので、これはまだ宇宙項問題に対して何らかの解答を与えたことにはならない。

人間原理の宇宙論

このように、宇宙がたくさんあり、しかもそれぞれ異なる性質を持っていてもよい、ということになると、わたしたちの宇宙を違った立場から解釈しよう、という気運も生じてくる。多数の可能な状態の中で、なぜわたしたちが住んでいるような状態が選ばれたのか、ということに関しては、「人間原理」という考え方がある。

人間原理とは、自然はそれを観測できる人間が存在し得るようにできている、という考え方である。たとえば、もしわたしたちの宇宙が大きな真空のエネルギーを持っていたとすると、銀河ができる前に宇宙は再びインフレーション的膨張期に入ってしまう。真空のエネルギーは、インフレーションを引き起こすポテンシャルエネルギーと同じ性質を持っているからである。すると、せっかく初期宇宙のインフレーション中にできた密度の濃淡が薄まってしまうため、密度の高い部分が万有引力によって周りのものを集めるプロセスが十分働かず、その後の星や銀河の形成は不可能になってしまう。人間が生存できるような環境ができないのである。しかし、この宇宙にはわれわれ人間が住んでいるから、わたしたちの暮らす宇宙の真空のエネルギー密度は十分小さいことが結論づけられる。

何とも原因と結果がひっくり返ったような、妙な印象を与える議論だが、これは論理学的には対偶命題に置き換えているということに対応するので、論理学的に間違った論証をしているわけではない。例を挙げて説明しよう。

（命題）雨が降ったら、試合は中止です。

（裏命題）雨が降らなかったら、試合を実施します。

（逆命題）試合が中止なら、雨が降っています。

（対偶命題）試合が中止でないなら、雨は降っていません。

「雨が降る」ということと、「試合は中止」ということ、及びそれぞれの否定文の順番をいろいろ変えて並べると右の四つの可能性がある。そして、試合の主催者が実際に、「雨が降ったら、試合は中止です」と宣言している場合、つまり命題が正しい場合、残りの三つのうちに必ず正しいといえるものがあるかどうかを調べてみよう。

まず裏命題。雨が降らなくても、相手チームが食中毒にかかって来られなかったら試合は成立しないから中止せざるを得ない。したがって、これは×。次に逆命題。裏命題の議論から明らかなように、試合が中止になる理由はいろいろあり得るので、試合が中止だったからといって雨が降っている保証はない。したがってこれも×。最後に対偶命題。雨が降ったら中止だというのだから、試合が中止でない、つまり試合をしているということは、雨が降っていないことを保証する。したがってこれだけが○。このように、本命題が正しければ、対偶命題は必ず正しいということがいえるのである。

同じことは集合のベン図を書いてみればよりハッキリわかる（図5－7）。

（命題）PならばQである。

（裏命題）Pでなければ、Qでない。

（逆命題）QならばPである。

（対偶命題）Qでなければ、Pでない。

命題が正しい場合、PはQに包含されるので、図5－7のようになる。Pでない領域は小さい楕円の外側、Qでない領域け大きい楕円の外側であるから、Qでない領域はPでない領域の一部分をなすことがわかる。したがって、本命題が正しい場合には対偶命題も常に正しい、ということは、食中毒などあらゆる可能性をあげつらわなくても、スッキリと理解できるのである。

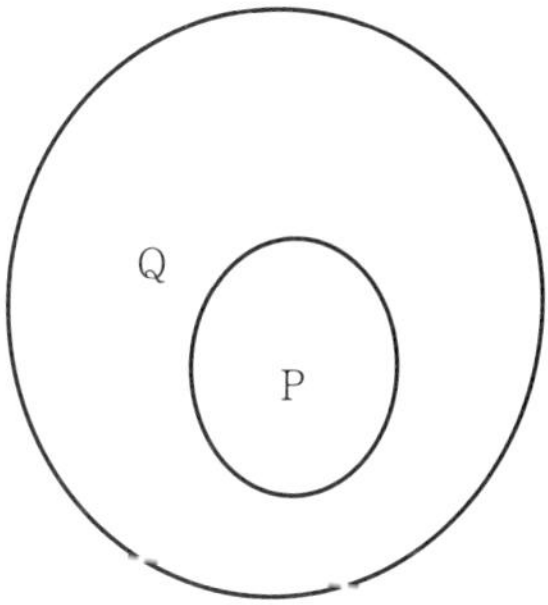

図5－7　集合のベン図

こうして、「大きな宇宙項あるいは真空のエネルギーを持った宇宙には、人間は生まれることができない」という命題が科学的に正しい以上、その対偶命題である、「人間の生まれたこの宇宙の宇宙項あるいは真空のエネルギーは小さい」という主張も科学的かつ論理的に正しいのである。

しかし、人間原理には重大な問題がある。もう少しわかりやすい例で説明しよう。「なぜわれわれの宇宙の空間は三次元か?」という質問に対し、人間原理は、「さもないと惑星の軌道が閉じないから」というような説明を与えてくれる。太陽の周りの重力は四方八方にその作用が及ぶので、重力の強さは距離の二乗に反比例して小さくなっていく。遠方に行くにつれて太陽光線の明るさが距離の二乗に反比例して減っていくのと同じように。したがって、もし宇宙空間が三次元でなく四次元だったとすると、万有引力の強さは距離の三乗に反比例して減っていくことになる。太陽が地球に及ぼす引力が距離の三乗に反比例して減ったとして、地球の軌道を求めると、楕円軌道にはならず、一年経っても軌道は閉じることなく、地球の気候は非常に不安定なものになってしまうのである。重力が距離の二乗に反比例する場合に限って、閉じた楕円軌道を描くことができるのである。

こうして、たとえ一〇次元のスーパーストリング理論のもとでも空間次元は三でなければならないことがわかった。しかし一方、だからといって、スーパーストリング理論において、どうしたら六次元分の空間を内部空間として目に見えなくできるか、解答が得られたわけではないことに注意してほしい。人間原理に基づいたこの説明は論理的には全く間違ってないが、「いかにして余剰次元がコンパクト化したか?(あるいは、しているように見えるか?)」という問題に対して、何らの示唆も与えてくれないのである。

つまり、人間原理をいかに弄《もてあそ》んだところで、フラックスコンパクト化という理論に行き着くことはできないのである。この例からわかるように、人間原理の与える解答は、物理学者が探求している解答とは性質を異にするものであり、これが理論物理学の進歩に貢献するものではないことは明白であるといえよう。

したがって、なぜわたしたちの宇宙の真空のエネルギーは小さいのか？　そして、ダークエネルギーの起源は何なのだろうか？　という問題に対して、いま人間原理を持ち出し、それによる説明で満足してしまっては、ダークエネルギーの起源に関する物理学は進歩を止めてしまうのである。この問題はまさに宇宙最大の問題といっても良いような、大きな問題なので、そう簡単に解決するとは思えないが、その解決に向けての努力を怠ってはならないのである。

人間原理は絶対ダメか？

人間原理について、辛口のコメントが続いたが、現代宇宙論には人間原理に頼らざるを得ない局面もときにはある。ダークエネルギーの例で言うと、ダークエネルギーの値をコントロールする基礎物理学の理論が見つかり、しかもその理論が不定のパラメタに依存していて、そのパラメタの値を決めるメカニズムが存在しないような場合である。そのような場合には、「そのパラメタがこの値を取った結果、ダークエネルギーが微小な値を持ち、人間が存在できるような環境が整った」と考えるのである。つまり、人間が存在することによって、わたしたちの宇宙の初期パラメタを決定できたことになる。というと聞こえはよいが、「このパラメタの値を決定するのに、人間原理の助けを借りる必要があった」ということもできる。

このような考え方は、とりわけ現代インフレーション宇宙論が主張するように、宇宙がたくさんできるような場合には本質的な役割を果たすことになる。

人間原理というのは、たとえて言えば、お酒のようなものである。朝から呑んだくれると一日仕事が手につかず、悲惨な人生を歩むことになる。一日の仕事を終えたあとで適量を嗜《たしな》めば、よい気分で寝床につくことができる。仕事もせずに、つまり真理を求めることなく、はじめから人間原理に訴えてはいけないのである。

第六章

宇宙の将来

わたしたちの宇宙が将来どうなるかは、ダークエネルギーの正体と密接に関係している。つまり、ダークエネルギーの密度が宇宙膨張と共に減少するのか、宇宙項のように一定のままなのか、あるいはもっとドラスティックな可能性として、増加するのか、そのいずれを取るかによって大きく変わってくることになる。

現在までに、ダークエネルギーの密度の時間変化を測るさまざまな観測がなされているが、これまでのところいずれもこれが時間と共に変化しているという証拠をつかんだ結果は報告されていない。それどころか、観測が進めば進むほど、ダークエネルギー密度は一定である可能性が高くなっているのが現状である。「一定でない」ことを証明するには、実際に時間変化していることを示せばよいのだが、「一定である」ことを証明するのは、より困難である。どこまで観測誤差を減らせば、万人がダークエネルギーは一定だと納得できるかわからないからである。

ともかく、ここではダークエネルギー密度は時間によらず一定であるとひとまず仮定して話を進めることにしよう。そして、それ以外の可能性については、あとでまとめて考えることにしよう。

宇宙膨張によって、元素やダークマターのエネルギー密度は宇宙の体積に反比例して減っていくので、現在すでに七割を占めるダークエネルギーの比率は、今後どんどん増していくことになる。その結果、銀河や銀河団など宇宙の大規模構造に対する万有引力の影響は徐々に弱まっていくことになる。加速的な宇宙膨張によってこれらの距離が互いに遠ざかっていくことになるからである。

このような状況は、長峯健太郎博士とアヴィ・ローブ博士によって、宇宙論的N体シミュレーションを用いて研究されている。N体シミュレーションというのは、シミュレーションボックスという仮想的な立方体の箱の中に多数入れた粒子をダークマターの塊に見立て、それらの間に働く重力をいろいろと工夫しながら計算し、箱を膨張宇宙と同じように膨張させながら、各粒子の運動を解くことによって、それらが集積する様子を数値計算によって調べるという研究である。箱から出て行った粒子は反対側の面から入ってくると見なし、粒子数が保存するように注意する。こうして、時間変化を追っていくと、もともと密度の濃かったあたりに徐々に構造ができていく。それを銀河や銀河団と見なすのである。このようなシミュレーションを、現在わたしたちが暮らす天の川銀河やアンドロメダ銀河など近傍の銀河をシミュレーションボックスの中に再現し、現在から未来へ向かって時間を進めていくのである。その結果は次のようなものであった。

現在の宇宙の年齢は一三八億年といわれている。シミュレーションの結果によると、現在からさらにこれと同じくらいの時間が経つ間に、わたしたちの住む天の川銀河は、ご近所、といっても二三〇万光年離れたところにあるアンドロメダ銀河と合体してしまう。さらにそれと同じくらいの時間、つまり今から二八〇億年くらいの間は、構造形成が続き、銀河や銀河団のような重い構造の数は徐々に増えていく。しかし、それを過ぎると、もはや構造形成の時代は終わってしまい、銀河や銀河団などの数はこれ以上増えなくなる。すると、これらは単に宇宙膨張によって薄まっていくだけになる。そして、一〇〇〇億年もすると周りの銀河はどんどん遠ざかってしまい、もはや地平線の彼方に遠ざかってしまう。

つまり、一〇〇〇億年後の宇宙には、見渡す限り銀河などというものは全く見えず、その頃人類が生き残っていたら、自分たちは宇宙の中心にいると思うことだろう。かつて、海の民ヴァイキングは、この世界では真ん中にある陸地を海が囲んでおり、海の向こうでは海水が滝のようにザアザアと流れ落ちている、という世界観を持っていた。未来の人類が持つ世界観も、自分たちの住む星団の外には一定のエネルギー密度を持つ真空の空間が広がっており、その向こうには真の地平線があり、その外に向かって遠くの天体がどんどん出て行ってしまう、という寂しいものにならざるを得ない。すると、宇宙は大域的に一様・等方であり、宇宙空間のどの点も本質的には同じである、という宇宙原理の立場に立った宇宙論は不可能になる。見渡す限りダークエネルギーしかなかったら、地平線の外も同様だと考えるのが最も単純だからである。すると、わたしたちが現在持っているような膨張宇宙論・ビッグバン宇宙論・インフレーション宇宙論のいずれも、彼らの考えとは合致しないことになるだろう。

現在わたしたちは、遠方の銀河や宇宙の晴れ上がり面を観測することによって、現在の宇宙の性質や、初期宇宙の状態に対するさまざまな有益な情報を得られている。一〇〇〇億年後の人類にはそのような観測データは一切得られないのである。わたしたちはこうした豊かな観測データに恵まれているおかげで、インフレーションからビッグバンに至るすばらしい宇宙論を手にすることができたのである。そのことの幸福をかみしめることが重要である。逆に言うと、未来の宇宙人類はその持つ宇宙観という意味では、われわれより退化することになるだろう。

さらに時間が経つとどうなるだろうか。素粒子相互作用の大統一理論によると、元素を構成している陽子や中性子は有限の寿命を持っていていずれ崩壊してしまうというのである。原子核物理では、原子核内に取り込まれていない自由中性子は、寿命一〇分ほどで陽子と電子と反ニュートリノに崩壊するが、陽子は無限に長い寿命を持つ安定な粒子であると考えられていた。しかし、大統一理論は陽子や中性子の中にある素粒子であるクォークと電子やニュートリノを一緒たに扱う理論なので、両者の移り変わりが起こり得るのである。その結果、陽子は陽電子とパイ中間子に崩壊したり、ニュートリノとK中間子に崩壊したりする可能性が予言されるのである。これを実験的に測ろうという装置が、岐阜県旧神岡鉱山内に設置されたスーパーカミオカンデである。これは、水の中に含まれる多数の陽子の中でごく稀に起こる崩壊反応に伴って出る光を観測しよう、という実験である。現在のところ陽子が実際に崩壊したという証拠はないので、こうした未発見状態が続くことにより、陽子の寿命の下限はどんどん長くなっている。現在その下限は、10^{33}年（一〇溝年）から10^{34}年（一〇〇溝年）程度である。溝というのは大きな数字の単位で、一溝は一京の一京倍に相当する。

そういうわけで、陽子の寿命の真の値はまだわかっていないが、いずれにせよ十分時間が経つと、原子核は陽電子やニュートリノ、光子など軽い粒子に崩壊してしまい、陽電子は電子とぶつかると対消滅して光子になるので、重い原子核はこうした軽い粒子の放射になって雲散霧消していくことになる。

一方、ダークマターの方は、正体が何であるかまだわからないので、陽子と同じように長い時間をかけて軽い粒子に崩壊して雲散霧消してしまうのか、それとも永遠に安定でただ単に宇宙膨張によって薄まり、ほとんど無視できるほどの密度になって宇宙膨張に何の影響も及ぼさなくなってしまうか、いずれかであると考えられるが、どちらになるかは全くわからない。

宇宙にはまた、さまざまな質量を持ったブラックホールが存在すると考えられている。太陽の四〇倍以上の質量を持った恒星は、原子核を燃やし尽くすと放射の圧力によって支えられなくなり、ブラックホールに崩壊する。また、銀河中心や活動銀河核には、太陽の数百万倍とも数千万倍とも言われる重いブラックホールが存在すると考えられている。これらの運命はどうなるのだろうか？

ブラックホール、というと一方的に周りのものを吸い込むだけの天体だと思われがちだが、実はそうではない。またしても量子論の作用により、ブラックホールは質量に反比例した温度を持ち、その温度に応じて各種素粒子を放出するのである。これをホーキング放射、この放射の温度をホーキング温度という。ホーキング放射によってブラックホールはエネルギーを放出するので、その質量は時間と共に徐々に小さくなっていくのだが、太陽質量のブラックホールのホーキング温度はわずか一〇〇〇万分の一度でしかなく、このプロセスは極めて緩慢である。太陽質量のブラックホールの寿命はなんと10^{64}年にも達するのである。日本式の数の数え方によるとこれはちょうど一不可思議年に相当する。寿命は質量の三乗に比例するので、銀河中心にあると考えられているような、太陽の一〇〇万倍の質量を持つブラックホールは10^{82}年もの寿命を持つ。このような大きな数を表す単位はわが国にはないが、インドにはこれよりもはるかに大きな数まで用意されている。

太陽質量のブラックホールのように重いブラックホールは、質量ゼロの粒子、つまり光子とグラビトン（重力子）を放出するだけだが、エネルギーを失って質量が減り、それに反比例して温度が上がると、質量を持った他の粒子も放出できるようになる。質量が10^{17}グラムすなわち一〇京グラムまで減ると電子とその反粒子である陽電子も放出されるようになる。さらに10^{14}グラムすなわち一〇〇兆グラムまで減ると、クォークからなるハドロンも放出できるようになる。ここまで来ると残り寿命は二億年足らずになる。宇宙の年齢と比べると短いが人間の年齢と比べるとずいぶん長い。ブラックホールの最期はかなり華やかなのである。

その前に考えなくてはいけないこと

元素の起源の説明をしたところで、恒星がどのようにして水素などを燃やして重元素を作っていくかを述べた。そして、恒星が最終的にどのような運命をたどるかは、その質量によって決まるのであった。わたしたち人類にとって重要なのは、もちろん太陽の運命である。

太陽は人間にたとえると青壮年期にある恒星であり、水素をヘリウムに核融合することによって光り輝いている天体である。太陽の現在の年齢は五〇億年ほどであると考えられているが、あと四、五十億年ほどして中心の周りの水素を燃焼し尽くすと、中心側のコアはヘリウム、その外側は水素が大半を占めた状態になる。その境界部分はほぼ一定の温度を保って水素を燃焼し続ける。ヘリウムコアが自分自身の重力によって収縮すると、その境界部分の密度や圧力が下がるため、星全体はより低い圧力で支えられるようになる。そのため外層はぼあっと膨張し、赤色巨星と呼ばれる、非常に大きくて赤い星になる。赤く見えるのは表面温度が低いからである。温度が低いにもかかわらず表面積が大きいため、全体としては極めて明るい星になる。半径が増大するときに、まずは水星を、そして金星を飲み込んでいくことになる。そしてさらには地球までも太陽に飲み込まれてしまうかもしれない。

現在の地球環境は太陽から降り注ぐエネルギーと、大気圏を越えて宇宙空間に放出されるエネルギーとの絶妙なバランスによって維持されているので、このような派手な現象が起こるずっと前に、既存の生物にとっては生存の困難な状況が到来することが予測されている。今から十数億年後、太陽の明るさが現在より十数パーセント明るくなっただけで、地球の平均気温は五、六度上昇し、大地は荒野になってしまう。そして三〇億年程度経つと海も干上がってしまっているという。太陽がさらに大きくなると、大気もはぎ取られてしまう。このように太陽が赤色巨星の段階に達するよりずっと前に、地球は生物の楽園ではなくなってしまうのである。

したがって、もし人類が宇宙の将来を見届けたかったら、そうなる前に地球を脱出しなければならない。当面は火星に移住したとしても、最終的には太陽系外に安住の地を求める必要が出てくる。それがどのようにして可能になるのかを予測するのは、宇宙全体の未来を予測するよりもはるかにむずかしいことである。

さらに、ここでは太陽という外的環境の変化によって人類及び他の地球生命の存続が危ぶまれる可能性だけを考えたが、人類自身の手によって地球生命の存続が不可能になってしまうような事態が起こる可能性も無視できない。いやむしろ、人類の変化に要する時間は天体の進化の時間スケールよりもずっと短いので、その可能性の方が、ずっと高いといって良いだろう。

ただ一つわたしが救いだと思うのは、文明・文化が進むにつれて人類の凶暴性は徐々に減退しているように思われることである。実際昔の人は現在よりずっと暴虐で、些細なことですぐに殺し合っていた。こうして文明国の一般市民はおおむね平和裡に暮らせるようになったことは喜ばしい限りである。しかし、世界の保安官を自任する米国の膝元のシカゴのような大都市ではほぼ毎日人が殺されているし、一部地域の住民の死因の第一位は殺人事件の被害者になることだというから、その限りではかの国は文明国とはいえない。わが国とて安心できない。東日本大震災の後の原子力発電所事故に対する対応や、近年の近隣諸国との外交交渉を見る限り（これはもちろんわが国だけが悪いわけではないが）、指導者層の無能と不誠実は目を覆わんばかりであり、ましてや敗戦後七〇年かかって築き上げた平和日本のブランド価値を認識できないばかりか、国家間のせめぎあいを、幼稚園児の喧嘩と同じレベルでしか解釈できないほど低能な人物を首相に選ぶような与党の面々を見る限り、わが国の反知性主義もここまで来たかとの慨嘆を禁じ得ない。暢気《のんき》に宇宙の未来など考えているような場合ではないではないか、との批判は甘んじて受けるが、しかし、こうした考察は人類の未来存続への動機を与えるものでもあるので、わが国が文明国であり続けるために、ひるまずこれを続けることにしよう。

なお、宇宙物理のような純粋科学の研究では、国家間のせめぎあいということはないが、激しい国際競争を繰り広げている分野であることも事実なので、諸外国の海千山千に負けないように渡り合うには、相当の覚悟と努力が必要である。特にわが国は、欧州とも米国とも遠いので、わが国の研究成果が正当に評価されるために、研究者一同多大の努力を払っているところである。また最近は近隣諸国との交流も増えつつあるが、ここでも日本人が単なるお人よしと思われないように、注意しなければならない。いまや理論の研究者といえども、書斎にこもっていては務まらない。打たれ弱い人には向かない仕事である。

クイントエッセンスについて

古代ギリシアで第五番目の元素のことをクイントエッセンスと言うことを述べたが、宇宙の加速膨張が発見されて間もない頃、時間と共に変化するダークエネルギーを宇宙の第五元素になぞらえてクイントエッセンス（もう少し英語らしく読むとクインテセンスということになるが、クイントエッセンスと書いた方がいかにもキワモノ的でよいので、そのように呼ぶ）と呼んだ説が一世を風靡《ふうび》した。わたしたちを構成し、星を光らせる元素（バリオン）、ダークマター、光子、ニュートリノ放射、以上が既知の四大構成要素であり、その次をクイントエッセンスと呼んだのである。スタインハートらによるこの説の売りは、なぜ現在わたしたちが観測するダークエネルギーの密度がこんなに小さいのかを説明できる可能性がある、という点である。

このモデルでは、図6－1のような片側勾配の位置エネルギー密度を持ったスカラー場ψ《プサイ》を導入する。宇宙初期にこの場が現在のような小さすぎるエネルギーではなく、放射と同じくらいの

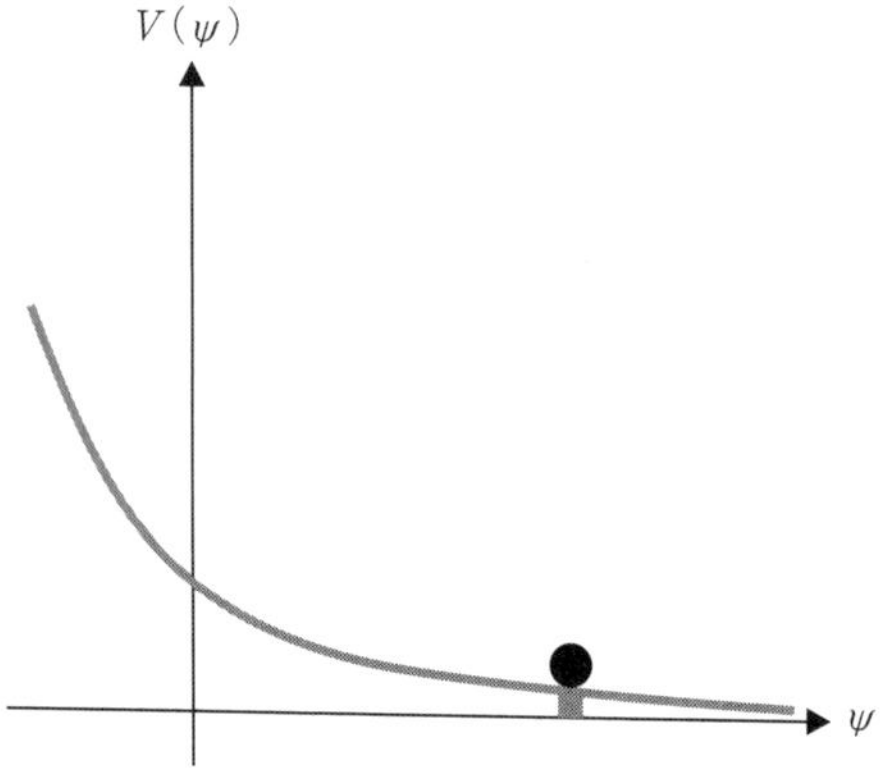

図6－1　クインテッセンスの片側勾配のポテンシャル

大きなエネルギーを持っていたとしよう。宇宙を満たすこのスカラー場の挙動は、この勾配にパチンコ玉を落としたときにどうなるか、という問題と同じだから、適当な高さに落とすと右に向かってころころと転がり始める。ただし、この坂道はなめらかではなく、ごつごつしていて、摩擦を受けながら、比較的ゆっくり転がっていくのである。

このモデルのおもしろいところは、宇宙の主要なエネルギーの減り方に応じて、変化の仕方が変わるということである。すなわち、宇宙初期の高温時代の放射優勢期には、クインテッセンスのエネルギーは宇宙の全エネルギーに対して一定の比を保ったまま、図の勾配を転がりながら徐々に減少していき、決してこちらが放射のエネルギーを凌駕することにはならない。一方、宇宙の大きさが現在の二〇〇〇分の一くらいまで大きくなり、ダークマターと元素のエネルギーが放射よりも優勢になると、クインテッセンスのエネルギーは減り方が徐々に緩慢になり、ついにはダークマターのエネルギーを凌ぐことになる。すなわち、宇宙の全エネルギーの大半をクイントエッセンスのエネルギーが占めることになるのである。こうして宇宙はこのエネルギーによって加速膨張を始めることになる。しかし、加速膨張を始めてからもスカラー場はゆっくりと転がり続けるので、運動エネルギーはゼロでない値を取り、位置エネルギーも徐々に減少していくことになる。そのため、加速膨張は実現するものの、密度一定の宇宙項の場合とは違った宇宙膨張則を示すことになる。逆にこれによってクイントエッセンスモデルと宇宙項を観測的に区別することができることになる。

このモデルの当否は二〇〇三年の宇宙背景放射探査機WMAPの結果によって判定された。クイントエッセンスは、運動エネルギーと位置エネルギーと双方のエネルギーを持つので、全エネルギーに対して測った圧力との比 w は常に-1より大きくなる。実際には-0.7くらいになる。この性質を使って宇宙項と区別することが可能である。現実の観測は全て $w=-1$ 付近を示唆しているので、クイントエッセンスを顧みるものはいなくなったのである。つまり、ダークエネルギーが宇宙項にかなり近い性質を持っていることが明らかになったことによって、この説の最も魅力的な点は棄却されてしまったのである。放射のエネルギーに対して一定の比率を保って減少していく、というのはおもしろいことではあるが、理論的にはこのように片側勾配のポテンシャルを作るのは困難だし、二重真空説とは違って、小さな量を全く含まないモデルができたわけでもないので、問題の設定が悪かったのだと言わざるを得ない。

これは、いくら流行したからといって、正しい問題を正しい方法で解こうとしない限りは、宇宙の真理には到達できないのだ、という教訓を与えた騒動であった。

ファントムとビッグリップ

ファントムはお化け、ビッグリップのリップの英語の綴りは rip であり、引き裂く、という意味である。なんともはや宇宙論もここまで来ると、どこまでがまともな話か、まゆつばで聞いていただきたい。これは、ダークエネルギーの中でも w が-1より小さいもの、-1.2とか-1.5とか、そのような状態方程式を持ったものを考えた場合に、宇宙の未来がどうなるか、という話である。

これは、クイントエッセンスの亜流と考えると、負の運動エネルギーを持ったおかしな場を考えることに相当する。このような場は通常ゴースト（これもお化け）と呼ばれ、これがあると真空が不安定になってしまうとして、忌み嫌われるものである。つまり、まっとうな理論家は自分の理論にゴーストが出てきたら、これを何とか打ち消すように努力し、どうしても無理だとわかったら、その理論は失敗作として、捨ててしまうのである。

そこで、英語ではゴーストとほぼ同義語であるファントムという言葉で表されたのである。名前を変えただけだから、単純なモデルを考える限りでは、不安定であることには変わりなく、こんなことを考えるまともな理論家はなかった。しかし、ダークエネルギー問題は、むずかしくてしかも手がかりの少ない難問であるため、何でも考えてみよう、と敢えてこのような不埒《ふらち》な可能性を取り上げたのが、米国のロバート・コールドウェルである。

wが-1に等しい真空のエネルギー密度に支配された宇宙はいつまでも指数関数的な膨張を続け、その意味では時間には終わりはない。ところが、wが-1よりさらに小さいファントム宇宙では、指数関数よりもさらに加速的な宇宙膨張が起こり、宇宙の大きさは有限の時間のうちに無限大に発散してしまうのである。もしwが現在-1.1だったとすると、ざっと八〇〇億年後には宇宙のエネルギー密度も大きさも無限大になってしまうのである。

wが-1の真空のエネルギー密度は、宇宙が膨張しても収縮しても一定の値を保つ。ということはwが-1よりも小さいファントムダークエネルギーは宇宙が膨張すると、逆に密度がどんどん上がっていくのである。現在でこそ、ダークエネルギーのエネルギー密度は、質量密度に換算すると一立方センチメートルあたり10^{-29}グラムというごく小さな値だが、元素やダークマターの密度はこれからもどんどん下がっていくのに対し、ファントムダークエネルギーはどんどん上昇するので、いずれはわたしたちの周囲といえどもファントムダークエネルギーの重力で支配されるようになってしまう。

コールドウェルの研究によると、宇宙終焉の六〇〇〇万年前には、銀河は自分自身の重力を支えられなくなってしまい、ファントムダークエネルギーによって分解されてしまう。さらに三ヵ月前には太陽系もばらばらになってしまうという。そして最後の三〇分前に太陽も地球も分解されてしまい、宇宙終焉10^{-19}秒前には原子も安定に存在できなくなってしまうのである。その時のファントムダークエネルギーの密度は超巨大な値になっている。こうして何もかもがバラバラになってファントムダークエネルギーに埋もれてしまい、宇宙は終焉を迎えるのである。これは真性特異点であり、これ以上先に時間を延ばすことはできない。まことにあっけない、どうにも救いようのない終わり方であるといえよう。

先にも述べたように、コールドウェルが想定した負のエネルギーを持ったスカラー場というのは、エネルギーを消費せずにどんどん粒子を作ることができるので、理論的に不安定で使い物にならないものである。その限りではファントムダークエネルギーの描く宇宙の終焉というのはお伽噺に過ぎないと考えてよい。ところが、その後運動エネルギーの形を工夫することにより、こうした不安定性なくwが-1より小さくなるような理論を作れることがわかったので、純粋な理論的な可能性としては、このような悲惨な終わり方をする宇宙も排除できないことが現在ではわかっている。しかし、そのような理論は非常に奇矯なものなので、ふだんは顧みられることはほとんどない。

輪廻転生する宇宙

　というわけでやはりダークエネルギーの正体は、$w=-1$の真空のエネルギー、位置エネルギー、宇宙項である、というのが一番シンプルな可能性である。その場合、宇宙は永遠に指数関数的な膨張を続けることになる。先に述べたように、大統一理論の予言に従うと、わたしたちを構成する元素の中にある陽子や中性子は長い時間かけて全部崩壊してしまう。中性子星や白色矮星のような天体も同じである。また、大きな星が重力崩壊したあとに残されるブラックホールも極めて長い時間をかけて蒸発することも、先に見たとおりである。

　ダークマターもどんどん薄まっていくが、これが最終的にどうなるか、すなわち崩壊して質量を持たない放射になってすべて散逸してしまうのか、そのままの形で残って密度が減っていくのかは、ダークマターの正体がわからない限り何ともいえない。もし、ダークマターが月と同じ程度のミニブラックホールだったとすると、これはホーキング放射によって寿命10^{41}年くらいで蒸発してしまうことになる。

　いずれにせよ、遠い未来の宇宙は真空のエネルギーだけに満たされた状態になると考えられる。ということは、宇宙のエネルギー組成は、ダークエネルギー密度というたった一個のパラメタだけで完全に決まってしまうことになるのである。もしこのエネルギーがスカラー場の位置エネルギーで決まっているのだとしたら、スカラー場の値だけ指定すれば、宇宙の物質組成が全て指定できてしまった、ということになる。現在のように、肉眼でさえ多様で豊かな物質分布を見てとることのできる複雑な宇宙と比べると、宇宙の行き着く先ははるかに単純であることが納得できるだろう。

このような状態は、初期宇宙に起こったインフレーション時代の宇宙とまったくといってよいほど同じである。違うのは、エネルギー密度が一〇〇桁ほど小さいこと、そして大きさは桁違いに大きいことだけである。

真空のエネルギー密度に支配された宇宙は、古典論の範囲ではいつまでもそのまま指数関数的膨張を続けるが、いくら図体が大きいとはいえ、今述べたように宇宙の状態はエネルギー密度あるいはスカラー場の値だけで決まっているので、宇宙全体に量子論を適用することができる。もはや一自由度しかないので一個の粒子の量子力学と同じような形の方程式を書き下すことができるのである。その方程式を解くと、宇宙全体がトンネル効果を起こすことを示すことができる。すなわち、ごく小さなダークエネルギーを持った非常に大きな宇宙が、初期宇宙のインフレーション時代に経験したような、大きな位置エネルギーを持った小さな宇宙に量子的な転移を起こすことができるのである（図6-2）。

そして、大きなエネルギー密度を持った小さな宇宙は、初期宇宙と同じようなインフレーショ

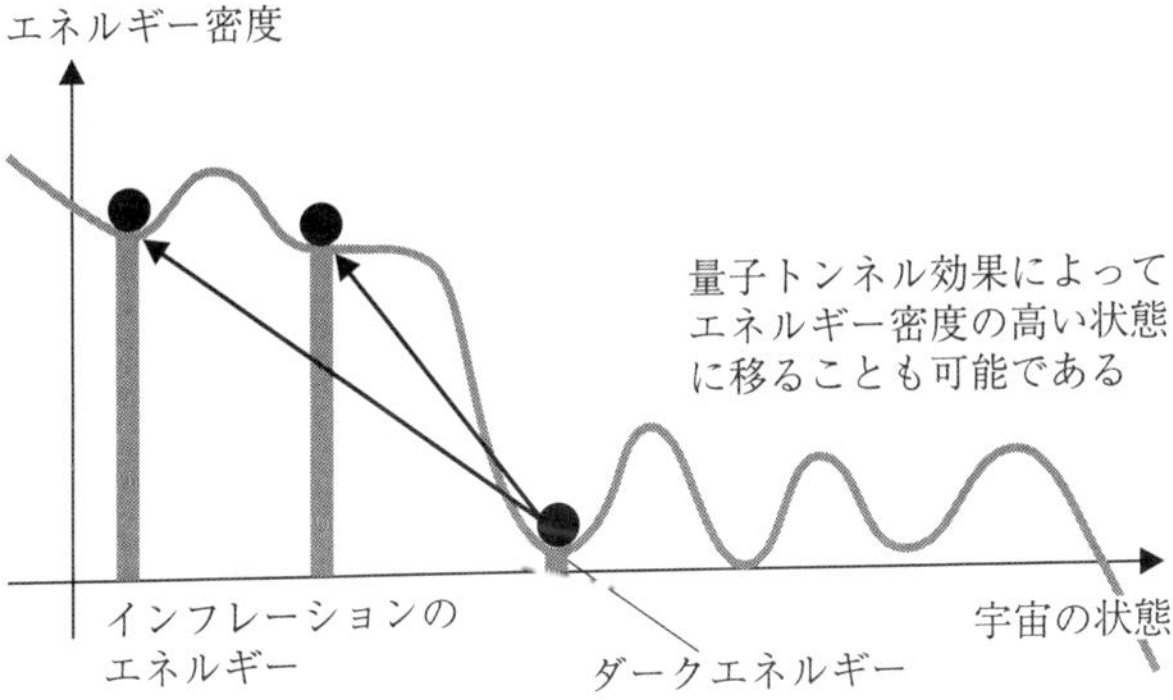

図6－2　大きな宇宙から小さな宇宙への量子的な転移

ンを再び起こし、わたしたちの宇宙が経験してきたような進化をもう一度繰り返すことになるのである。しかし、トンネル効果で行き着いた先は、必ずしもわたしたちの宇宙の初期状態とは同じでないかもしれない。その場合は、今度は違った宇宙に進化することになる。

これはまさに宇宙全体の輪廻転生であり、一つ一つの宇宙にははじまりと終わりがあっても、全ての宇宙の進化をあわせて捉えると、大宇宙全体にははじまりも終わりもなく、その中で一つ一つの宇宙が生成消滅を繰り返しているのだ、ということになる（図6－3）。

まことしやかに語られる人間の輪廻転生と違うところは、しかし、この量子トンネル効果による転移の際、過去の記憶はまったく残らないという点である。したがって、わたしたちが住んでいる現在の宇宙の「前世」がどんなものであったか、それを伝える痕跡はまったくないといってよい。

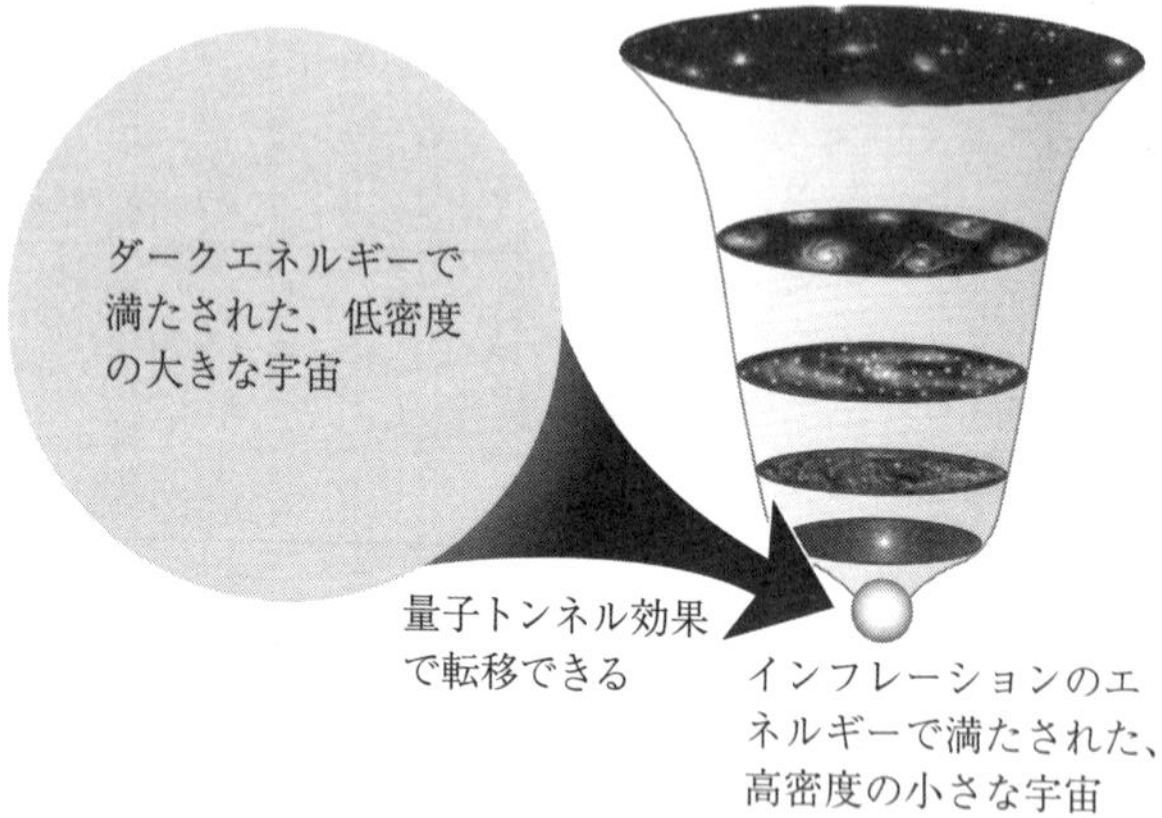
もう一度宇宙の進化を繰り返す
＝輪廻転生

図6－3　輪廻転生する宇宙

以上のような宇宙の輪廻転生説は、宇宙が加速膨張していることがわかり、わたしたちの宇宙にダークエネルギーがあることが判明してしばらくたってから、「なぜ宇宙は加速膨張しているのだろうか？　ダークエネルギーの存在意義は何だろうか？」と、筆者が自問して考察を続けた結果得た結論である。つまり、正の真空のエネルギーがあり、宇宙が再び指数関数的膨張時代を迎えることによって、初期宇宙のインフレーション時代に量子的に戻ることができるようにし、それによって、一つ一つの宇宙にははじまりと終わりがあっても、そのようなたくさんの宇宙をはぐくむ時空全体には、はじまりも終わりも必要ない、という考え方である。

本来、科学の研究は、根源的な理由を問う

ことはしない。例えば、万有引力の法則を考える際には、重力がどのように働くか、つまり距離の何乗に反比例して減るとか、質量に対してどのような依存性を持つか、とかいうことだけが研究の対象となり、「そもそもなぜこの世の中の万物には、重力が働くのか？」などという問いは、自然科学の範疇を超えたものである。したがって、右のような考察も、自然科学を一歩超えたものであるといってよい。しかし、ダークエネルギーの問題は、まさに現代理論物理学最大の問題といってもよいような大問題であり、さまざまな側面からのアプローチが必要であると考えられる。そのような広い視野からこうした大胆なことを考えてみたのだが、いざこのことを論文にしようと思って過去の文献をいろいろ当たってみたら、残念なことに、わたしがこれを考えたよりもだいぶ前に、「無からの宇宙創生論」で有名なビレンキンとその共同研究者のガリガによって、わたしが思ったこととまったく同じことが既に出版されていることに気付かされてしまった。したがって、このおもしろいアイディアを自分の論文として発表することができなくなってしまい、とても残念な思いをした。

終章 ダライ・ラマとの邂逅

はじめに述べた、輪廻転生の象徴的存在ともいえるダライ・ラマ法王は、現在一四世であるが、これまでに何度か、亡命先のインドからわが国を訪問している。二〇〇三年には、ニュートリノ天文学の創始によりノーベル物理学賞に輝いた小柴昌俊教授や遺伝子解読で世界的業績を挙げた村上和雄教授と「科学と仏教の対話」を行っている。

わたしは国家ビジョン研究会の日本文明研究分科会に呼ばれて「科学と日本文明」という講演を行った際に、村上さんと知り合い、それが縁で二〇一二年に開かれた「ダライ・ラマ法王と科学者との対話」という集会に誘われ、講演とそれに引き続く法王との対話を行うことになった。わたしのほかには、東大病院救急部の矢作直樹教授、日本物理学会元会長の米沢富美子博士らもそれぞれの立場で講演をされた。ちょうどその前に新聞の「私の履歴書」欄に米沢さんの自伝が出たあとだったので、「たいへんな苦労をされた方なのだなぁ」と思ったものだった。司会進行は、『朝日ジャーナル』廃刊時の編集長であった下村満子さんであった。

下村さんは、ダライ・ラマ法王にしきりに「死後の世界」や「輪廻転生」についての話を聞き出そうとするのだが、法王は、「わたしたちがいかに生きるか、ということの方がずっと大切なのであり、死後の世界のことを考えるなんてヒマな人に任せておけばよいのです」とのたまい、およそそのような話題には取り合ってくれなかった。

わたし自身は「たくさんの宇宙」という題名で現代宇宙論の話、とくに宇宙の多重発生と人間原理について話した。また、米沢さんが、物性理論家らしく、実験的検証ができなければ物理ではない、という立場から、「宇宙のはじまりや終わりのように検証不可能なことを研究するのは、おもしろいけれど、科学ではない」という主張をしたのに対し、わたしはコメンテーターとしてそれに構わず、前章で述べたような、（人間を輪廻転生させることはできそうにないが）宇宙を輪廻転生させることは、可能であり、宇宙論もそこまで来ると、極めて仏教的な世界観に近い、ということを述べた。

せっかくの機会である。わたしがダライ・ラマに聞いてみたかったのは、

「まちがって、他の惑星に転生してしまうことはないのですか？」

という質問だった。

しかし、さすがダライ・ラマはわたしなぞよりずっと賢明であり、わたしがそんなことを言い出すより前に、次のようなことをのたもうた。

「科学は普遍的なもの、ユニバーサルなものです。しかし、宗教はそうではない。地域限定つきのものなのだ」と。

それでわたしは、なるほどダライ・ラマの転生はチベットでしか起こらないのだな、と納得したのであった。それとともに、自然科学の研究が、人類普遍、いや宇宙普遍なものであることを、あらためて思い知らされたのである。転生者ダライ・ラマという、およそ自然科学的なもの

の見方・考え方とは、対極にあるような立場の人から、このようなことを聞かされ、わたしは自分自身の不明を恥じると共に、ささやかなりといえども、わたしのやってきた自然科学の研究が、こうした普遍的な意味を持ち得ることに思いを馳せ、「自然科学の研究をやってきてよかったなぁ」と、つくづく思ったのであった。

現在、天文学では、太陽系の外にある別の恒星系の周りを公転する系外惑星の研究が活発に行われている。これまでに発見されている太陽系外惑星は、一五〇〇個以上、そのうち地球と同じように生命を育むことのできるかもしれない惑星が三〇個ほど見つかっている。その中には、実際に生命体がある惑星もあるかもしれない。まだ見つかっていないとしても、人類と同じような高等生物を持つ惑星もきっとどこかにあることだろう。そして、遠い将来、映画『未知との遭遇』よろしく、他の太陽系から来た知的生命体と遭遇し、交流する日がやってくるかもしれない。そのとき、わたしたちが自信を持っていえることは、こうした宇宙人も、記述法は違うかもしれないが、わたしたちと同じ物理学を持っているはずであり、わたしたちの宇宙は過去にインフレーションやビッグバンを経験し、そして現在は加速膨張をしている、ということを共通の認識として持っていることは疑いない、ということである。

現代宇宙論の研究は、少なくともそこまでは、自信を持っていえるようになってきているのである。

文献と謝辞

本書執筆にあたり参考にさせていただいた学術論文以外の文献を列記します。各文献の著者に感謝いたします。図3-5のもとになった図をご提供下さった高梨直紘さんと土居守さんに感謝いたします。また、講談社の小澤久さん、家中信幸さん、そして拙著『電磁気学』の年一回のあとがきの改稿の際に本書のこともずっと気にかけて下さった講談社サイエンティフィクの大塚記央さんにお世話になりました。どうもありがとうございました。

〈序章〉

ダライ・ラマ法王日本代表部事務所ホームページ　チベット仏教
http://www.tibethouse.jp/about/buddhism/
飛不動　龍光山正寶院ホームページ　六道輪廻
http://tobifudo.jp/newmon/betusekai/6dou.html
『チベットの歴史と宗教』（世界の教科書シリーズ35）チベット中央政権文部省著　石濱裕美子・福田洋一訳　明石書店　二〇一二年

チベットの歴史① 古代王朝時代
http://dadao.kt.fc2.com/tibet-history1.htm

〈第三章〉
ニュートンのリンゴの木 東京大学大学院理学系研究科・理学部ホームページ
http://www.s.u-tokyo.ac.jp/ja/story/newsletter/treasure/12.html
『太陽』（シリーズ現代の天文学10） 桜井隆・小島正宜・柴田一成編 日本評論社 二〇〇九年

〈第四章〉
『電磁気学』（講談社基礎物理学シリーズ4） 横山順一著 講談社 二〇〇九年

〈終章〉
『こころを学ぶ ダライ・ラマ法王 仏教者と科学者の対話』 講談社 二〇一三年

さくいん

N.D.C.441　206p　18cm

ブルーバックス　B-1937

輪廻《りんね》する宇宙《うちゅう》

ダークエネルギーに満ちた宇宙の将来

2015年10月20日　第1刷発行

著者　横山順一《よこやまじゅんいち》
発行者　鈴木　哲
発行所　株式会社講談社
〒112-8001 東京都文京区音羽2-12-21
電話　出版　03-5395-3524
販売　03-5395-4415
業務　03-5395-3615
印刷所　（本文印刷）豊国印刷株式会社
（カバー表紙印刷）信毎書籍印刷株式会社
製本所　株式会社国宝社

定価はカバーに表示してあります。

©横山順一　2015, Printed in Japan
落丁本・乱丁本は購入書店名を明記のうえ、小社業務宛にお送りください。送料小社負担にてお取替えします。なお、この本の内容についてのお問い合わせは、ブルーバックス宛にお願いいたします。

本書のコピー、スキャン、デジタル化等の無断複製は著作権法上での例外を除き禁じられています。本書を代行業者等の第三者に依頼してスキャンやデジタル化することは、たとえ個人や家庭内の利用でも著作権法違反です。

Ⓡ〈日本複製権センター委託出版物〉複写を希望される場合は、日本複製権センター（電話03-3401-2382）にご連絡ください。


ISBN978-4-06-257937-7

発刊のことば

科学をあなたのポケットに

二十世紀最大の特色は、それが科学時代であるということです。科学は日に日に進歩を続け、止まるところを知りません。ひと昔前の夢物語もどんどん現実化しており、今やわれわれの生活のすべてが、科学によってゆり動かされているといっても過言ではないでしょう。

そのような背景を考えれば、学者や学生はもちろん、産業人も、セールスマンも、ジャーナリストも、家庭の主婦も、みんなが科学を知らなければ、時代の流れに逆らうことになるでしょう。

ブルーバックス発刊の意義と必然性はそこにあります。このシリーズは、読む人に科学的に物を考える習慣と、科学的に物を見る目を養っていただくことを最大の目標にしています。そのためには、単に原理や法則の解説に終始するのではなくて、政治や経済など、社会科学や人文科学にも関連させて、広い視野から問題を追究していきます。科学はむずかしいという先入観を改める表現と構成、それも類書にないブルーバックスの特色であると信じます。

一九六三年九月

野間省一